淡水鱼
饲料科学配制与
饲养手册

王纪亭 宋锦 主编

图书在版编目（CIP）数据

淡水鱼饲料科学配制与饲养手册 / 王纪亭，宋锦主编. — 北京：化学工业出版社，2025.3. — ISBN 978-7-122-47436-0

Ⅰ. S965.1-62

中国国家版本馆 CIP 数据核字第 2025D7B141 号

责任编辑：邵桂林　　　　文字编辑：杨永青　张熙然
责任校对：宋　玮　　　　装帧设计：韩　飞

出版发行：化学工业出版社
　　　　　（北京市东城区青年湖南街13号　邮政编码100011）
印　　装：北京云浩印刷有限责任公司
850mm×1168mm　1/32　印张 7¾　字数 208 千字
2025 年 6 月北京第 1 版第 1 次印刷

购书咨询：010-64518888　　　售后服务：010-64518899
网　　址：http://www.cip.com.cn
凡购买本书，如有缺损质量问题，本社销售中心负责调换。

定　　价：39.80元　　　　　　　版权所有　违者必究

编写人员名单

主　　编　　王纪亭　宋　锦
副 主 编　　史东辉　丁　雷
编写人员　　王纪亭　丁　雷　史东辉
　　　　　　宋　锦　贺永超　蔡青和
　　　　　　李　建　郭豪民　许兰彬

前言 PREFACE

淡水鱼
饲料科学配制与饲养手册

　　近十年来，随着我国经济的快速发展和人民生活水平的日益提高，水产养殖业在我国乃至全世界的作用日益显现。我国作为世界水产养殖大国，无论是水产养殖规模还是水产科技人才的数量以及科研水平均居于世界前列。我国淡水养殖尤其是池塘养鱼，在技术和总产量上，均居于世界领先地位。为了给消费者提供更多的优质动物蛋白质，提高广大渔民的收入，确保我国在这方面长期领先，淡水鱼养殖科技工作者仍有大量的工作要做。为此，我们编写了《淡水鱼饲料科学配制与饲养手册》，以指导淡水鱼养殖的实际生产。《淡水鱼饲料科学配制与饲养手册》共分淡水鱼的营养需求、淡水鱼的饲料配制、池塘养鱼、稻田养鱼、鱼菜共生、工厂化养鱼、鱼病防治等七章内容。其中，王纪亭、贺永超、李建负责编写第一章、第二章，史东辉、蔡青和、许兰彬负责编写第三章、第四章，丁雷、宋锦、郭豪民负责编写第五章、第六章、第七章。本书力求通俗易懂、科学实用，可供从事淡水鱼养殖的养殖户、科技人员、饲料公司技术人员以及高等院校学生参考。

　　由于编者的水平所限，书中不当之处在所难免，敬请读者批评指正。

编者

2025 年 1 月

目录

第一章 淡水鱼的营养需求 — 1

第一节 淡水鱼的能量营养 / 1
一、饲料营养素的能量 / 1
二、饲料总能 / 2
三、可消化能 / 2
四、代谢能 / 2
五、净能 / 2
六、鱼类的能量代谢 / 3
七、能量与蛋白质的关系 / 3

第二节 淡水鱼的蛋白质营养 / 4
一、蛋白质的生理功能 / 4
二、蛋白质、氨基酸的代谢 / 4
三、淡水鱼类对蛋白质和氨基酸的需求 / 5
四、几种淡水鱼对蛋白质的需求 / 6

第三节 淡水鱼的脂类营养 / 8
一、脂类的生理作用 / 8
二、鱼类对脂类的代谢及利用 / 10
三、鱼类对脂肪的需求 / 11

第四节 淡水鱼的糖类营养 / 12
一、糖类的种类 / 12
二、糖类的生理作用 / 13
三、鱼类的糖类代谢及对糖类的需求 / 14

第五节 淡水鱼的维生素营养 / 15
一、鱼的种类、生长阶段 / 17
二、鱼的生理状况 / 17
三、饲料中维生素的利用率 / 17
四、鱼类的饲料来源及养殖业的集约化

    程度 / 18
    五、维生素之间的相互影响 / 18
    六、饲料中其他成分 / 18
    七、消化道内微生物可合成一定量的某些
     维生素 / 19
  第六节 淡水鱼的矿物质营养 / 19
    一、矿物质的生理作用 / 19
    二、对矿物质的吸收利用 / 20
    三、淡水鱼对饲料中钙、磷的利用率 / 22

第二章 淡水鱼的饲料配制 ——— 23

  第一节 淡水鱼的饲料原料 / 24
    一、饲料分类 / 24
    二、蛋白质饲料 / 25
    三、能量饲料 / 29
    四、矿物质饲料 / 30
    五、饲料添加剂 / 31
  第二节 淡水鱼的饲料配方设计 / 38
    一、配合饲料的概念 / 38
    二、配合饲料的类型 / 39
    三、淡水鱼配方饲料设计原则 / 41
    四、配合饲料配方的设计方法 / 42
  第三节 淡水鱼的饲料加工工艺 / 47
    一、先粉碎后配合加工工艺 / 48
    二、先配合后粉碎加工工艺 / 48
    三、配合饲料加工工艺流程 / 49
  第四节 配合饲料的质量管理与评价 / 50
    一、渔用配合饲料的质量管理 / 50
    二、渔用配合饲料的质量评价方法 / 53

第三章 池塘养鱼 ——— 54

  第一节 鱼苗培育 / 54
    一、鱼苗下塘前的准备工作 / 54
    二、鱼苗的放养 / 59
    三、鱼苗的培育方法 / 60

四、日常管理 / 63
　　　五、拉网锻炼和出塘 / 64
　第二节　鱼种培育 / 65
　　　一、夏花放养前的准备工作 / 65
　　　二、夏花的放养 / 66
　　　三、日常管理 / 72
　　　四、出塘和并塘越冬 / 73
　第三节　商品鱼养殖 / 74
　　　一、池塘基本要求和池塘建造 / 75
　　　二、鱼种 / 78
　　　三、混养 / 82
　　　四、密养 / 85
　　　五、轮捕轮放 / 89
　　　六、施肥与投饵 / 92
　　　七、池塘鱼病的防治 / 97
　　　八、池塘管理 / 98

第四章　稻田养鱼　　104

　第一节　稻田养鱼的生态学原理 / 104
　　　一、稻田养鱼的生态学基础 / 104
　　　二、稻田养鱼的综合效益 / 106
　第二节　稻田养鱼的类型与养殖技术 / 107
　　　一、稻田养鱼的类型 / 107
　　　二、稻田养鱼技术 / 109
　　　三、稻鱼间作技术 / 117

第五章　鱼菜共生　　120

　第一节　鱼菜共生的发展和模式 / 120
　　　一、鱼菜共生的历史及发展现状 / 120
　　　二、鱼菜共生的优点 / 122
　　　三、鱼菜共生的模式 / 123
　第二节　鱼菜共生的设施建造 / 128
　　　一、养殖部分设施 / 128
　　　二、微生物处理设施 / 130
　　　三、种植部分设施 / 131

第三节　鱼菜共生的管理 / 136
　　一、适于鱼菜共生的鱼类 / 136
　　二、适于鱼菜共生的蔬菜 / 136
　　三、鱼菜共生系统的管理 / 137

第六章　工厂化养鱼　　141

第一节　工业化养鱼概况 / 141
　　一、工业化养鱼的优点 / 141
　　二、世界工业化养鱼发展的特点 / 142
第二节　工业化养鱼的主要类型与主要设施 / 144
　　一、工业化养鱼的主要类型 / 144
　　二、工业化养鱼设施 / 145
第三节　工业化养鱼的饲养管理 / 155
　　一、养殖鱼类的选择 / 155
　　二、养殖池的放养密度 / 155
　　三、养殖管理 / 156

第七章　鱼病防治　　160

第一节　鱼类患病的原因和鱼病的预防 / 160
　　一、鱼类患病的原因 / 160
　　二、鱼病的预防 / 162
第二节　鱼病诊断的一般方法 / 172
　　一、现场调查 / 173
　　二、鱼体检查 / 175
第三节　常见鱼病的防治 / 182
　　一、病毒性鱼病 / 182
　　二、细菌性鱼病 / 191
　　三、真菌性鱼病与藻类病 / 202
　　四、鱼类的寄生虫病 / 205
　　五、非寄生性疾病 / 228

参考文献　　239

第一章
淡水鱼的营养需求

淡水鱼类为了维持生命、满足生长和繁殖的需要,需要摄取营养物质,即营养素。所谓营养素是指能在动物体内消化吸收、供给能量、构成体质及调节生理机能的物质,分为蛋白质、脂肪、糖类、维生素、矿物质和水等六大类。

鱼类在其生存过程中,一切生命活动都需要能量,如各种细胞的生长、增殖,营养物质的消化、吸收和运输,体组织的更新,神经冲动的传导,生物电的产生,肌肉的收缩,代谢废物的清除等。没有能量,鱼体内的任何一个器官都无法维持它的正常功能。

第一节 淡水鱼的能量营养

一、饲料营养素的能量

鱼类所需能量主要来源于饲料中的三大有机物质,即蛋白质、脂肪和糖类,这类含有能量的营养物质在体内代谢过程中经酶的催化,通过一系列的生物化学反应,释放出贮存的能量。饲料中三大能源营养物质经完全氧化后生成水、二氧化碳和其他气体等氧化产物,同时释放出能量。各种物质氧化时释放能量的多少与其所含的元素种类和数量有关。糖类的平均产热量为17154焦/克;脂肪的平均产热量为39539焦/克;蛋白质的平均产热量为23640焦/克。能量的单位为卡(cal)和焦耳(J)。卡和焦耳的换算关系为:

1 卡（cal）＝4.19 焦耳（J）。

二、饲料总能

总能（GE）是指饲料中三大能源营养物质完全氧化燃烧所释放出来的全部能量。总能不会被鱼类完全利用，因为在消化或代谢过程中，总有一部分能量损失，其损失的量与鱼类的摄食水平、饲料种类、水温、鱼类的生理机能状态等诸多因素有关。

三、可消化能

可消化能（DE）是指从饲料中摄入的总能（GE）减去粪能（FE）后所剩余的能量，即已消化吸收养分所含总能量，或称之为已消化物质的能量。虽然饲料原料的种类、性状、饲料配合比例、水温、鱼体大小等对饲料中各营养素的消化率都有影响，但各营养素之间的相互作用几乎不存在，因而，配合饲料中各个原料的可消化能之和与该配合饲料的消化能值相等。作为能量指标，消化能的这种加成性质在饲料配方实践中具有重要意义。

四、代谢能

代谢能（ME）是指摄入单位质量饲料的总能与由粪、尿及鳃排出的能量之差，也就是消化能在减除尿能和鳃能后所剩余的能量。其计算公式为：$ME=DE-(UE+ZE)$。

式中，ME 为代谢能；DE 为消化能；UE 为尿中排泄的能量；ZE 为鳃中排泄的能量。

五、净能

净能（NE）是指代谢能（ME）减去摄食后的体增热（HI）量，即 $NE=ME-HI$。

净能是完全可以被机体利用的能量。它分为两个部分，一部分用于鱼类的基本生命活动，如标准代谢、活动代谢等，这部分净能被称为维持净能（NEm），另一部分用于鱼类的生产，如生长、繁殖等，称为生产净能（NEp）。

六、鱼类的能量代谢

鱼类摄取了含营养物质的饲料，随着物质代谢的进行，能量在鱼体内被分配，其中一部分随粪便排出体外，一部分作为体增热而消耗，一部分随鳃的排泄物和尿排出而损失，最后剩余部分称为净能的能量，才真正用于鱼类的基本生命活动和满足生长繁殖的需求。鱼类摄食后饲料中的能量在鱼体内的转化情况见图1-1。

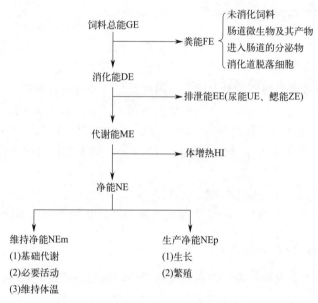

图1-1 饲料能量在鱼体内的转化过程

七、能量与蛋白质的关系

鱼类摄取营养物质的第一需要是满足能量的需要。作为营养素，蛋白质不仅是主要的供能物质，而且具有极其重要的生理作用，且鱼类对蛋白质的需求特别高，故蛋白质是饲料中要考虑给予的重要营养素。能量蛋白比是衡量鱼类对能量、蛋白质合理需要的

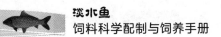

一个指标。能量蛋白比（energy/protein ratio，简写为 E/P 比）是指单位质量饲料中所含的总能与饲料中粗蛋白含量的比值。

第二节　淡水鱼的蛋白质营养

蛋白质是一切生命的物质基础，它不但是生物体的重要组成成分，而且还是催化代谢过程中调节和控制生命活动的物质。

一、蛋白质的生理功能

鱼类生长主要是指依靠蛋白质在内的物质构成组织和器官。鱼类对蛋白质的需要量比较高，约为哺乳动物和鸟类的 2～4 倍。由于鱼类对糖类的利用能力较差，因此蛋白质和脂肪是鱼类能量的主要来源，这一点与畜、禽类有很大不同，其生理功能如下：

① 供体组织蛋白质的更新、修复以及维持体蛋白质；
② 是构建机体组织细胞的主要成分，用于生长（体蛋白质的增加）；
③ 作为部分能量来源；
④ 组成机体各种激素和酶类等具有特殊生物学功能的物质。

二、蛋白质、氨基酸的代谢

鱼类摄取饲料后，饲料在消化道中经消化分解成氨基酸后被吸收利用，在消化道内没有被消化吸收的物质以粪的形式排出体外。被吸收的氨基酸主要用于合成体蛋白，一部分氨基酸经脱氨基以氨的形式（也有的以尿素和尿酸形式）通过肾和鳃排出体外。鱼类在摄取无蛋白质饲料时，其排出的粪和尿中亦有含氮物质等代谢产物，从粪中排出的氮叫代谢氮，主要是肠黏膜脱落细胞、黏液和消化液所含有的氮；从尿排出及鳃分泌出的氮叫内生氮，主要是体内蛋白质修补更新时，部分体蛋白降解，最终由尿排泄及由鳃分泌的氮。

三、淡水鱼类对蛋白质和氨基酸的需求

鱼类所需的能量主要来自蛋白质和脂肪而不是糖类，因此鱼类需要更高水平的蛋白质，蛋白质是决定鱼类生长的最关键的营养物质，也是饲料成本中最大的部分。确定配合饲料中蛋白质最适需要量，在水产动物营养学和饲料生产上极为重要。一般来说，肉食性鱼类对蛋白质的需求量大于杂食性鱼类，杂食性鱼类对蛋白质的需求量又大于草食性鱼类，幼鱼阶段对蛋白质的需求量大于成鱼阶段。最佳生长的蛋白质需求量是指能够满足鱼类氨基酸需求并获得最佳生长的最小蛋白质含量，也称最适蛋白质需求量。鱼类对蛋白质需要量包含两个意义：第一，维持体蛋白动态平衡所必需的蛋白质量，即维持体内蛋白质现状所必需的蛋白质量；第二，能使鱼类最大生长，或能使体内蛋白质蓄积达最大量所需的最低蛋白质量。鱼类对蛋白质需要量受多种因素影响。如鱼的种类、年龄、水温、饲料蛋白源的营养价值以及养殖方式等。如果饲料中的蛋白质不足，会导致淡水鱼生长缓慢、停止，甚至体重减轻及产生其他生理反应；如果饲料中的蛋白质过量，多余部分的蛋白质会被转变成能量，造成蛋白质资源的浪费和过多的氮排放而污染环境。一般而言，饲料中蛋白质含量的适量范围为22%～55%，草食性鱼类为22%～30%，杂食性鱼类为30%～40%，肉食性鱼类为38%～55%。而且同种鱼在苗种阶段其饲料蛋白质最佳含量高于成鱼。例如，在一定条件下，尼罗罗非鱼饲料中蛋白质需求量鱼苗到鱼种阶段一般为30%～35%，成鱼及亲鱼阶段为28%～30%。同时，鱼的放养密度低时，可以从天然食物中得到部分营养，因而饲料中的蛋白质含量可适当低些。

氨基酸可分为必需氨基酸和非必需氨基酸。必需氨基酸是指在体内不能合成，或合成的速度不能满足机体的需要，必须从食物中摄取的氨基酸。鱼类的必需氨基酸经研究确定有异亮氨酸、亮氨酸、赖氨酸、蛋氨酸、苯丙氨酸、苏氨酸、色氨酸、缬氨酸、精氨酸、组氨酸等氨基酸。而酪氨酸、丙氨酸、甘氨酸、脯氨酸、谷氨

酸、丝氨酸、胱氨酸和天门冬氨酸等是体内能够合成的，为非必需氨基酸。从营养学角度来说，非必需氨基酸并非不重要，它也是体内合成蛋白质所必需的。在体内的酪氨酸可由苯丙氨酸转变而来，胱氨酸可由蛋氨酸转变而来，因此，当饲料中酪氨酸及胱氨酸含量丰富时，在体内就不必耗用苯丙氨酸和蛋氨酸来合成这两种非必需氨基酸了，因其具有节省苯丙氨酸和蛋氨酸的功用，故将酪氨酸、胱氨酸称为"半必需氨基酸"。

氨基酸平衡是指配合饲料中各种必需氨基酸的含量及其比例符合鱼类对必需氨基酸的需要量，这就是理想的氨基酸平衡的饲料。图1-2(a)，是氨基酸平衡的饲料，图1-2(b)、图1-2(c)是氨基酸不平衡的饲料。

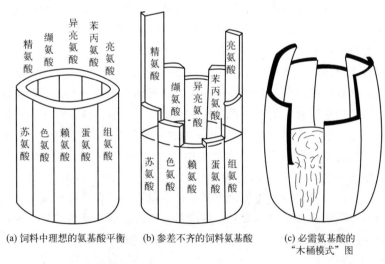

(a) 饲料中理想的氨基酸平衡　　(b) 参差不齐的饲料氨基酸　　(c) 必需氨基酸的"木桶模式"图

图1-2　氨基酸平衡示意图

四、几种淡水鱼对蛋白质的需求

1. 鲤对蛋白质的营养需求

鲤环境耐受力强，生长快，为我国主要淡水鱼养殖品种之一，是典型的杂食性鱼类,且偏动物食性。其体内含有65%以上的蛋白质,鲤蛋白质的需要量,与鱼个体的大小、环境条件以及蛋白质来源有很大关系。《鲤鱼配合饲料》(SC/T 1026—2002)规定,鲤鱼种前期饲料粗蛋白≥38%、鱼种后期≥31%、成鱼期≥30%。

2. 鲫对蛋白质的营养需求

鲫属于杂食性鱼类,鱼苗和亲鱼阶段对蛋白质的需求量较高。《鲫鱼配合饲料》(SC/T 1076—2004)规定,鲫鱼苗饲料粗蛋白含量≥39%,鱼种饲料≥32%,食用鱼饲料≥28%,而在一般生产中,鲫饲料粗蛋白含量一般在33%~36%。

3. 草鱼对蛋白质的营养需求

草鱼是典型的草食性鱼类,消化能力强,具有生长快、饲料来源广的特点,为我国"四大家鱼"之一,其在不同生长阶段、不同环境条件下对蛋白质的需求量有差异。一般来说,草鱼饲料中蛋白质含量从鱼苗到鱼种阶段的适宜含量为30%~36%,鱼种到成鱼阶段为22%~28%。《草鱼配合饲料》(SC/T 1024—2002)规定,草鱼鱼苗饲料粗蛋白≥38%,鱼种饲料≥30%,食用鱼饲料≥25%。

4. 青鱼对蛋白质和氨基酸的营养需求

《青鱼配合饲料》(SC/T 1073—2004)规定,青鱼1龄鱼种饲料蛋白质含量应≥38%,2龄鱼种≥33%,食用鱼≥28%。一般认为,青鱼对蛋白质的需求量在夏花阶段为40%,鱼种阶段为35%,食用鱼阶段为30%。

5. 罗非鱼对蛋白质的营养需求

一般而言,罗非鱼对饲料中粗蛋白的需求量为28%~32%,且需求量随饲料品种和类型变化而变化,同样也受鱼体大小、饲喂次数和日粮性质的影响。美国国家科学研究委员会(NRC)推荐罗非鱼的粗蛋白为32%,《罗非鱼配合饲料》(SC/T 1025—2004)推荐鱼苗饲料粗蛋白≥38%,鱼种饲料≥28%,食用鱼饲料≥25%。

6. 虹鳟对蛋白质的营养需求

虹鳟为肉食性鱼类,对蛋白质的需求量较高,一般为35%~40%,饲料中添加氨基酸可以起到节约蛋白质的作用。《虹鳟养殖技术规范 配合颗粒饲料》(SC/T 1030.7—1999)规定,虹鳟鱼苗饲料粗蛋白含量应≥45%,鱼种饲料≥42%,育成鱼饲料≥40%,亲鱼饲料≥42%。较高的蛋白质水平可以在一定程度上提高氨基酸的利用率。

7. 团头鲂对蛋白质的营养需求

《团头鲂配合饲料》(SC/T 1074—2022)规定,团头鲂鱼苗饲料粗蛋白含量应为29%~35%,鱼种饲料为28%~34%,成鱼饲料为28%~33%。

第三节 淡水鱼的脂类营养

脂类是在动、植物组织中广泛存在的一类脂溶性化合物的总称,在饲料分析时所测得的粗脂肪(乙醚浸出物,EE)是指饲料中的脂类物质。脂类物质按其结构可分为中性脂肪和类脂质两大类。中性脂肪,俗称油脂,是三分子脂肪酸和甘油形成的酯类化合物,故又名甘油三酯;常见的类脂质有磷脂、糖脂和固醇等。

一、脂类的生理作用

脂类是淡水鱼类所必需的营养物质,在鱼类生命代谢过程中具有多种生理作用。

1. 脂类是组织细胞的组成成分

鱼体各组织细胞都含有脂肪。磷脂和糖脂是细胞膜的重要组成成分。鱼类组织的修补和新的组织的生长都必须从饲料中摄取一定量的脂质。

2. 脂类可为鱼类提供能量

脂肪是饲料中的高热量物质,其产热量高于糖类和蛋白质。积存的体脂是机体的"燃料仓库",在机体需要时,即可分解供能。脂肪组织含水量低,占体积少,所以贮备脂肪是鱼类贮存能量的最好形式,以备越冬利用。

3. 脂类物质有助于脂溶性维生素的吸收和在体内的运输

维生素 A、维生素 D、维生素 E、维生素 K 等脂溶性维生素只有脂类存在时方可被吸收。脂类不足或缺乏,则影响这类维生素的吸收和利用。淡水鱼摄食脂类缺乏的饲料,易产生脂溶性维生素缺乏症。

4. 提供鱼类生长的必需脂肪酸

某些高度不饱和脂肪酸为鱼类生长所必需,但鱼体本身不能合成,或合成的量不能满足需要,所以必须依赖于由饲料直接提供,这些脂肪酸称为必需脂肪酸(EFA)。

根据对虹鳟、鲤、鳗、香鱼等淡水鱼的研究结果,认为淡水鱼的必需脂肪酸有 4 种,即亚油酸、亚麻酸、二十碳五烯酸和二十二碳六烯酸。但对不同种类的鱼来说,这四种必需脂肪酸的添加效果却有所不同。尼罗罗非鱼主要需要亚油酸($18:2n-6$),鳗、鲤、斑点叉尾鮰则需要亚麻酸($18:3n-3$)和亚油酸($18:2n-6$)两类脂肪酸,而对虹鳟来说,$n-3$ 脂肪酸起主要作用。当虹鳟饲料中 EFA 不足时,添加亚油酸只能在某种程度上改善其生长,但不能防止其患 EFA 缺乏症,而添加亚麻酸才能彻底消除各种 EFA 缺乏症。

5. 脂类可作为某些激素和维生素的合成原料

如麦角固醇可转化为维生素 D_2，而胆固醇则是合成性激素的重要原料。

6. 节省蛋白质，提高饲料蛋白质利用率

鱼类对脂肪有较强的利用能力，其用于鱼体增重和分解供能的总利用率达90%以上。因此当饲料中含有适量脂肪时，可减少蛋白质的分解供能，节约饲料蛋白质用量，这一作用称为脂肪对蛋白质的节约作用，作用效果对快速生长阶段的仔鱼和幼鱼尤为显著。

二、鱼类对脂类的代谢及利用

脂肪消化吸收的主要部位在肠道前部（胆管开口附近）。但肠道内的脂肪酶大多数并非由肠黏膜本身分泌，而是来自肝胰脏（由胆管、胰管导入）。饲料中的中性脂肪在脂肪酶的作用下分解为甘油和脂肪酸而被吸收。但近年来的研究表明，在肠道内并非所有的中性脂肪都要完全水解后才能被吸收，一部分甘油一酯、甘油二酯及未水解但已乳化的甘油三酯也可被肠道直接吸收。

脂肪本身及其主要水解产物游离脂肪酸都不溶于水，但可被胆汁酸盐乳化成水溶性微粒，当其到达肠道的主要吸收地点时，此种微粒便被破坏，胆汁酸盐滞留于肠道中，脂肪酸则透过细胞膜而被吸收，并在黏膜上皮细胞内重新合成甘油三酯。在黏膜上皮细胞内合成的甘油三酯与磷脂、胆固醇和蛋白质结合，形成直径为0.1～0.6微米的乳糜微粒和极低密度脂蛋白，并通过淋巴系统进入血液循环，也有少量直接经门静脉进入肝脏。再入血液以脂蛋白的形式运至全身各组织，用于氧化供能或再次合成脂肪贮存于脂肪组织中。

当机体需要能量时，贮存于脂肪组织中的脂肪即被水解，所产生的游离脂肪酸在血液中与血清白蛋白结合，并输送至相应组织氧化分解，释放能量，供组织利用。当血液中游离脂肪酸含量超过机体需要时，多余部分又重新进入肝脏，并合成甘油三酯，甘油三酯再通过血液循环回到脂肪组织中贮存备用。

一般来说，鱼类能有效地利用脂肪并从中获取能量。鱼类对脂肪的吸收利用受许多因素的影响，其中以脂肪的种类对脂肪消化率影响最大。鱼类对熔点较低的脂肪消化吸收率很高，但对熔点较高的脂肪消化吸收率较低。此外，饲料中其他营养物质的含量对脂肪的消化代谢也会产生影响。饲料中钙含量过高，多余的钙可与脂肪发生螯合，从而使脂肪消化率下降。饲料含有充足的磷、锌等矿物元素，可促进脂肪氧化，避免脂肪在体内大量沉积。维生素 E 与脂类代谢的关系极为密切，它能防止并破坏脂肪代谢过程中产生的过氧化物。胆碱是合成磷脂的重要原料，胆碱不足，脂肪在体内的转运和氧化受阻，结果导致脂肪在肝脏内大量沉积，形成脂肪肝。

三、鱼类对脂肪的需求

脂肪是鱼类生长所必需的一类营养物质，鱼类对饲料总能量需求为 3000～3500 千卡/千克。饲料中脂肪含量不足或缺乏，可导致鱼类代谢紊乱，饲料蛋白质利用率下降，同时还可并发脂溶性维生素和必需脂肪酸缺乏症。但饲料中脂肪含量过高，又会导致鱼体脂肪沉积过多，鱼体抗病力下降，同时也不利于饲料的贮藏和成型加工。因此饲料中脂肪含量须适宜。

鱼类对脂肪的需要量受鱼的种类、食性、生长阶段、饲料中糖类和蛋白质含量及环境温度的影响。一般草鱼饲料中脂肪含量 3%～8%；青鱼和鳊饲料中含脂肪 4.5%～8%；鲤 4%～10%；罗非鱼 6%～10%。鱼类对脂肪的需要量除与鱼类的种类和生长阶段有关外，还与饲料中其他营养物质的含量有关。对草食性、杂食性鱼而言，若饲料中含有较多的可消化糖类，则可减少对脂肪的需要量；而对肉食性鱼来说，饲料中粗蛋白愈多，则对脂肪的需要量愈低。这是因为饲料中绝大多数脂肪是以氧化供能的形式发挥其生理作用，若饲料中有其他能源可供利用，就可减少对脂肪的依赖。

第四节　淡水鱼的糖类营养

糖类又称碳水化合物，在动物体内含量较少，但具有特殊的生理作用（如血糖、黏多糖、肝糖原等）。糖类是鱼类重要的营养素，但是有关糖类在鱼体内的营养代谢等问题一直困扰着鱼类营养学者和鱼类饲料生产者。

一、糖类的种类

糖类主要由碳、氢、氧三大元素组成，由于糖类，特别是常见的葡萄糖、果糖、淀粉、纤维素等都有一个结构共同点，含通式 $C_x(H_2O)_y$，因此也将这类化合物称为碳水化合物，糖类按其结构可分为三大类。

1. 单糖

单糖的化学成分是多羟基醛或多羟基酮，是构成低聚糖、多糖的基本单元，其本身不能水解为更小的分子。如葡萄糖、果糖（己糖）、核糖、木糖（戊糖）、赤藓糖（丁糖）、二羟基丙酮、甘油醛（丙糖）等。

2. 低聚糖

低聚糖是由 2～10 个单糖分子失水而成。按其水解后生成单糖的数目，低聚糖又可分为二糖、三糖、四糖等。其中以二糖最为重要，如蔗糖、麦芽糖、纤维二糖、乳糖等。

3. 多糖

多糖是由许多单糖聚合而成的高分子化合物，多不溶于水，经酶或酸水解后可生成许多中间产物，直至最后生成单糖。多糖按其单糖种类可分为同型聚糖和异型聚糖。同型聚糖按其单糖的碳原子数又可分为戊聚糖（木聚糖）和己聚糖（葡聚糖、果聚糖、半乳聚糖、甘露聚糖），其中以葡聚糖最为多见，如淀粉、纤维素都是葡聚糖。饲料中的异型聚糖主要有果胶、树胶、半纤维素、黏多糖等。

二、糖类的生理作用

有关糖类的生理作用问题，在畜禽等陆生动物特别是哺乳动物中研究得比较详细，但在鱼类或其他水产动物体内的作用研究还比较缺乏。而且由于水生动物生活在水中，使得这方面的研究比较困难，因此相关的研究报道较少。与陆生动物相关的研究显示，糖类在鱼体内的营养生理作用表现在以下几个方面。

① 糖类及其衍生物是鱼、虾类体组织细胞的组成成分。如五碳糖是细胞核酸的组成成分，半乳糖是构成神经组织的必需物质，糖蛋白则参与形成细胞膜。

② 糖类可为鱼、虾类提供能量。吸收进入鱼体内的葡萄糖被氧化分解，并释放出能量，供机体利用。游泳时的肌肉运动、心脏跳动、血液循环、呼吸运动、胃肠道的蠕动以及营养物质的主动吸收、蛋白质的合成等均需要能量，而这些能量的来源，除蛋白质和脂肪外，糖类也是一个重要来源。摄入的糖类在满足鱼类能量需要后，多余部分被运送至某些器官、组织（主要是肝脏和肌肉组织）合成糖原，储存备用。

③ 糖类是合成体脂的重要原料。当肝脏和肌肉组织中储存足量的糖原后，继续进入体内的糖类则合成脂肪，储存于体内。

④ 糖类可为鱼类合成非必需氨基酸提供碳架。葡萄糖代谢的中间产物，如磷酸甘油酸、α-酮戊二酸、丙酮酸可用于合成一些非必需氨基酸。

⑤ 糖类可改善饲料蛋白质的利用。当饲料中含有适量的糖类时，可减少蛋白质的分解供能。同时ATP的大量合成有利于氨基

酸的活化和蛋白质的合成，从而提高了饲料蛋白质的利用率。

三、鱼类的糖类代谢及对糖类的需求

1. 鱼类的糖类代谢

摄入的糖类在鱼类消化道被淀粉酶、麦芽糖酶分解成单糖，然后被吸收。吸收后的单糖在肝脏及其他组织进一步氧化分解，并释放出能量，或被用于合成糖原、体脂、氨基酸，或参与合成其他生理活性物质。糖类在鱼体内的代谢包括分解、合成、转化和输送等环节。糖原是糖类在体内的贮存形式，葡萄糖氧化分解是供给鱼类能量的重要途径，血糖（葡萄糖）则是糖类在体内的主要运输形式。

鱼类利用糖类的能力较其他动物低，其不仅是因为鱼类天生的糖尿病体质，鱼体内的酶和胰岛素也是两个重要影响因素，鱼类的胰岛素量不足被认为是导致鱼类耐糖机能低下的主要原因；给鱼投喂葡萄糖后，酶活性呈上升趋势，一般在2～3小时达到最高值。同时，鱼类利用糖类的能力随鱼的食性、种类不同呈现出很大差异：一般认为肉食性愈强的鱼对糖类的利用能力愈低。

2. 鱼类对糖类的需求

（1）鱼类对可消化糖类的需要量　糖类是鱼类生长所必需的一类营养物质，是三种可供给能量的营养物质中最经济的一种，摄入量不足，则饲料蛋白质利用率下降，长期摄入不足还可导致鱼体代谢紊乱、鱼体消瘦、生长速度下降。但摄入量过多，超过了鱼、虾类对糖类的利用能力限度，多余部分则用于合成脂肪；长期摄入过量糖，会导致脂肪在肝脏和肠系膜大量沉积，产生脂肪肝，使肝脏功能削弱，肝解毒能力下降，鱼体呈病态性肥胖。前已述及，鱼类是天生的糖尿病体质，如果持续供给高糖饲料，会导致血糖增加，尿糖排泄增多。

一般冷水性和温水性鱼类饲料中的适宜糖类含量分别为20%

和 30% 左右。鱼类饲料中糖类适宜含量因鱼种类有较大差异，鲑、鳟类饲料中可消化糖类的含量以不超过 12% 为宜；也有学者认为鲑、鳟类饲料中适宜糖含量为 20%～30%。

鱼饲料中糖类适宜含量与鱼的种类关系密切，草食性鱼和杂食性鱼饲料中糖类适宜含量一般高于肉食性鱼。此外，鱼的生长阶段、生长季节也会影响其对糖类的需要量。一般来说，幼鱼期对糖类需要量低于成鱼，水温高时对糖类的需求低于水温低时。测定鱼类对糖类的需要量还与评定指标有关。由于鱼类能有效地从蛋白质、脂肪中获取能量，因此以获取最大蛋白质利用率为指标所测糖类含量似乎对生产更具指导意义。

(2) 鱼类对粗纤维的需要量　鱼类不能直接利用粗纤维，但饲料中含有适量的粗纤维对维持消化道正常功能是必需的。从配合饲料生产的角度讲，在饲料中适当配以纤维素饲料，有助于降低成本，拓宽饲料来源；但饲料中纤维素过多又会导致食糜通过消化道的速度加快，消化时间缩短，蛋白质消化率下降；而且，饲料中过多的纤维素会使二价阳离子的矿物元素利用率下降。此外，鱼类采食过多纤维素饲料时排泄物增多，水质易污染。所有这些都将导致鱼类生长速度和饲料效率下降。鱼类饲料中粗纤维适宜含量为 5%～15%，因鱼种类及鱼的生长阶段而稍有差异。一般来说，草食性鱼能耐受较高的粗纤维水平；成鱼较鱼苗、鱼种能适应较多的粗纤维。根据我国饲料特点，纤维质饲料来源广，成本低，在以植物性饲料为主要饲料源的配合饲料中，一般不必顾虑粗纤维含量过低，主要应防止粗纤维含量过高。因此我国目前制定的鱼用配合饲料标准中，一般仅对粗纤维含量作了上限规定。

第五节　淡水鱼的维生素营养

维生素 (vitamin) 是维持动物健康、促进动物生长发育所必需的一类低分子有机化合物。这类物质在体内不能由其他物质合成或合成很少，必须经常由食物提供，动物体对其需要量很少，每日所需量仅以毫克或微克计算。维生素虽不是构成动物体的主要成分，也不能提供能量，但它们对维持动物体的代谢过程和生理机能，有着极其重要且不能为其他营养物质所替代的作用。许多维生素是构成酶的辅酶的重要成分，有的则直接参与动物体的生长和生殖活动。如果长期摄入不足或由于其他原因不能满足生理需要，就会导致鱼类物质代谢障碍、生长迟缓和对疾病的抵抗力下降。维生素A、维生素E和维生素C，尤其类胡萝卜素等色素类维生素和脂肪酸等是存在于天然饲料中的有效活性成分能够起到改善养殖产品的体色和肉质的作用。

维生素种类很多，化学组成、性质各异，一般按其溶解性分为脂溶性维生素和水溶性维生素两大类。脂溶性维生素包括维生素A（视黄醇，抗眼干燥症因子）、维生素D（钙化醇，抗佝偻病维生素）、维生素E（生育酚）、维生素K（凝血维生素）。水溶性维生素包括维生素B_1（硫胺素）、维生素B_2（核黄素）、维生素B_5（遍多酸）、维生素B_3（烟酸，又称尼克酸、维生素PP、抗烟酸缺乏症因子）、维生素B_6（吡哆素）、生物素（维生素H、维生素B_7）、叶酸、维生素B_{12}（钴胺素）和维生素C（抗坏血酸）等。根据目前的研究，认为至少有15种维生素为鱼类所必需，但这不意味着所有的鱼都必须直接从饲料中获得这些维生素，其中少数几种维生素鱼体本身或消化道微生物可以合成，如生物素、维生素B_{12}和维生素K_3，因而就不必依赖于饲料的直接供给。在水产养殖生产中，维生素缺乏症较为共性的表现主要有：①食欲不振，饲料效率和生长性能下降；②抗应激能力、免疫力下降，发病率和死亡率上升；③多数情况下出现贫血症状，如血细胞和血红蛋白数量减少，耐低氧能力下降；④多数情况下有体表色素异常、黏液减少，体表粗糙，眼球突出、白内障等症状；⑤多数情况下出现体表充血、出血的现象。因此在饲料生产中，必须注重维生素的添加量或饲料中维生素的适宜含量。淡水鱼对维生素的需要量受很多因素的影响，如鱼的生长阶段、生理状态、放养密度、食物来源及饲料加工情况等，现将影响添加量的因素阐述如下。

一、鱼的种类、生长阶段

因为大多维生素主要通过相应的酶对动物生理活动和生长性能产生影响，而不同种类的鱼对营养物质的利用能力、代谢途径都或多或少地存在一定差异，因而对维生素的需要量也略有不同。鱼的生长阶段不同，对维生素的需要量也不同。幼鱼期由于代谢强度大、生长快，因而对维生素的需要量高于成鱼。

二、鱼的生理状况

在渔业生产中，尤其是在集约化高密度养殖过程中，往往对鱼类采取一些强化生长措施，鱼类在逆境条件下生长。在这种情况下，鱼类对维生素的需要量往往是增加的。此外当环境条件恶化（如溶氧量低、水体污染、水温剧变等），或饲料急剧更换，或人为操作（如放养、称重、转塘等）对鱼类造成损伤和刺激，或鱼体生病需要用药时，鱼类对维生素的需要量一般也是增加的，以增强鱼类对环境的适应力和对疾病的抵抗力。

三、饲料中维生素的利用率

用精制饲料测定的鱼类对维生素的需要量一般是在饲料中不含有其他来源的维生素的情况下测得的。但在配制实用饲料时，由于各种动、植物原料中都已含有一定数量的各种维生素，而且其中有些维生素含量已足以满足鱼类生长发育需要，因此在确定这些维生素的添加量时，可减少或减免添加量，以免造成浪费，或因含量过多对鱼类带来不利影响。但有些维生素在饲料原料中含量虽很高，但由于以下一些原因未能被鱼类真正摄入和利用：①维生素在饲料中以某种不能被鱼类利用的结合态存在，如谷物糠麸中的泛酸、烟酸含量虽很高，但由于它们以某种结合态存在，因而利用率较低；②维生素吸收障碍，饲料中含有适量的脂肪可促进脂溶性维生素的吸收，而维生素 B_{12} 的吸收则有赖于胃肠壁产生的一种小分子黏蛋白

（内因子）的存在，如果这些与维生素吸收有关的物质缺乏或不足，则会显著降低维生素的吸收率；③饲料中存在与维生素相拮抗的物质（抗维生素），从而削弱甚至抵消了维生素的生理作用，导致维生素缺乏症；④由于绝大多数维生素性质极不稳定，在饲料贮藏加工过程中往往会遭到不同程度的破坏，有时这种破坏是十分严重的。

四、鱼类的饲料来源及养殖业的集约化程度

在集约化程度较低的半精养、粗养养殖方式中，由于鱼的食物来源较杂，其生长所需维生素除来自人工投喂的配合饲料外，还有相当一部分来自其他食物（如天然饵料生物、青饲料），因而对配合饲料中维生素的依赖性相对减少。同时由于鱼类放养密度较低，生长速度较慢，鱼类对维生素的需要量也相对较低。但在集约化养殖条件下（如网箱养鱼、流水养鱼），鱼类放养密度高，生长多处于逆境，其生长所需维生素几乎全部来自配合饲料，因此要适当提高维生素添加量。

五、维生素之间的相互影响

由于维生素之间存在错综复杂的相互关系，因此某一种维生素的需要量显著受饲料中其他维生素含量的影响。如鱼类对维生素 A 的需要量显著受饲料中维生素 E 含量的影响，因为后者具有保护维生素 A 免受氧化、提高维生素 A 的稳定性的作用。青江等人按以往报道的鲤鱼维生素需要量最低值为标准，将各种维生素制成维生素混合物，添加到稚鲤饲料中进行养殖试验，结果指出，鲤自第 4 周起，出现生长差、皮肤损伤、瘀血等症状，第 5 周增加维生素 B_1 后，瘀血基本消失，但其他症状依旧，经再次修改维生素比例，提高维生素 B_1、维生素 B_2 和烟酸含量后，在第 16 周，试验鱼缺乏症状全部消除，生长也恢复正常。

六、饲料中其他成分

有关的试验结果表明，饲料中其他营养物质对维生素的需要量

有一定影响。以高蛋白饲料饲养大麻哈鱼，观察到对维生素 B_6 缺乏的敏感性增加；使用高糖饲料养鲤（维生素用量不变），第 7 周会出现明显的维生素 B_1 缺乏症。虹鳟对维生素 A 的需要量与饲料中的蛋氨酸含量有关。当色氨酸含量较高时，鱼类对烟酸的需要量下降。

七、消化道内微生物可合成一定量的某些维生素

在鱼类，某些维生素如生物素、维生素 B_{12}、维生素 C、烟酸、泛酸、叶酸等可由肠道微生物合成，但考虑到鱼类消化道较短，食糜通过消化道的速度也较快（典型肉食性鱼尤其如此），因而一般认为鱼类肠道中的微生物在提供维生素方面的作用有限（少数维生素例外，如维生素 B_{12}），绝大多数维生素还要依赖饲料的供给。

总之，确定鱼饲料中的维生素含量是一项十分复杂的工作，一般采用适当提高添加量的方法，以确保饲料中各种维生素均能满足需要。

第六节　淡水鱼的矿物质营养

矿物质在鱼类有机体中分布广泛，特别是骨骼中含量最多。矿物质在鱼体内含量通常为 3‰～5‰，其中含量在 0.01％以上者为常量元素，含量在 0.01％以下者为微量元素。鱼体内的常量元素主要有钙、磷、钾、钠、硫和氯，在营养生理上作用明显的主要微量元素有铜、铁、硒、碘、锰、钴和钼。

一、矿物质的生理作用

一般而言，矿物质的主要生理功能表现在以下几个方面：①作为骨骼、牙齿、甲壳及其他体组织的构成成分，如钙、磷、镁、氟等；②作为酶的辅基或激活剂，如锌是碳酸酐酶的辅基，铜是细胞色素氧化酶的辅基等；③参与构成机体某些特殊功能物质，如铁是

血红蛋白的组成成分,碘是甲状腺素的成分,钴是维生素 B_{12} 的成分等;④无机盐是体液中的电解质,维持体液的渗透压和酸碱平衡,如钠、钾、氯等元素;⑤特定的金属元素(铁、锰、铜、钴、锌、钼、硒等)与特异性蛋白结合形成金属酶,具独特的催化作用;⑥维持神经和肌肉的正常敏感性,如钙、镁、钠、钾等元素。矿物元素的生理功能在水产动物和陆生动物之间的重大区别在于渗透压的调节,即鱼、虾、贝等水产动物体液需要维持和周围水环境之间的渗透压平衡,其他生理功能与陆生动物是基本相同的。此外,由于水产动物生活在水环境中,不像陆生动物一样需要强大的骨骼系统支撑和平衡身体,所以对合成骨骼组织的钙、磷需要量比较低。淡水鱼很容易从鳃和体表吸收水环境中的矿物质,同时具有控制异常矿物质浓度的能力,但随种类不同而异。矿物元素对淡水鱼的营养很重要,过量的矿物元素可抑制酶的生理活性,改变生物大分子的活性,从而引起淡水鱼在形态、生理和行为上的变化,不利于生长,甚至会引起淡水鱼慢性中毒,人食用后,会对健康产生直接危害。

二、对矿物质的吸收利用

1. 矿物质的吸收与水环境的关系

鱼类和陆地动物对矿物质的需求不同,鱼类不仅由消化道吸收饲料中的矿物质,而且还可以直接经由鳃及皮肤吸收矿物元素,鱼类的矿物质营养及代谢,受环境的影响很大。淡水与海水、软水与硬水所含矿物质的种类和浓度相差很大,所以,鱼饲料的矿物质的种类和数量不但和畜禽饲料不同,而且淡水鱼和海水鱼之间也有不同。从理论上说,即使同一种鱼所用饲料,也应根据其饲养环境水的矿物质组成及饲料原料的不同,来调整其饲料中矿物质的种类与含量。

养殖水体中的矿物质组成、含量可直接影响鱼类对饲料中无机盐的需求量。水中无机钙可以补偿饲料中钙的不足,而磷不能。因

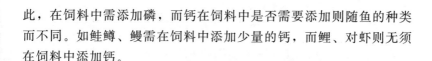

此,在饲料中需添加磷,而钙在饲料中是否需要添加则随鱼的种类而不同。如鲑鳟、鳗需在饲料中添加少量的钙,而鲤、对虾则无须在饲料中添加钙。

2. 影响矿物质吸收利用的因素

动物对于矿物质的定量需求,较蛋白质、脂肪、维生素等有机营养成分,更难确定,这是因为有许多因素可以影响矿物质的吸收和利用。

(1) 鱼类品种 鱼类因其基因品系不同,对矿物质的吸收和利用率也不同。如虹鳟对于磷酸钙、鱼粉及米糠的磷净保留率分别为51%、60%及19%,而鲤仅为3%、26%和25%。

(2) 生理状态 包括年龄、不同发育阶段、有无疾病以及是否处于应激状态。如鱼类处于应激状态时,则矿物质需要量增加,吸收率也增加。

(3) 鱼体内对矿物质的贮存状态 当体组织对某矿物质贮存量已很充足时,则对饲料中该矿物质的利用率就差,如缺铁的鱼通常会比含充足铁的鱼,更能有效地吸收铁。

(4) 矿物质的化学结合形态 如氧化铁(Fe_2O_3)无法被动物利用,而硫酸亚铁($FeSO_4$)则很容易被利用;又如虹鳟对磷酸二氢钙的利用率为94%,而对植酸钙的利用率只有19%。氨基酸微量元素螯合物的利用率优于相应的无机微量元素。

(5) 饲料营养成分 饲料中的有机成分可导致矿物质利用率的增减,如日粮中能量、蛋白质水平决定了体内的代谢水平,矿物质的水平也需与之相适应。抗坏血酸可提高铁的吸收率,而植酸和单宁酸则抑制铁的吸收。饲料中所含的矿物质对吸收利用率也有影响,例如,饲料中含有比需要量多的钙,则动物对其吸收率就会降低;此外,矿物元素之间的协同与拮抗作用对利用率影响也大。如饲料中钙的利用率受磷的影响,当饲料磷含量不足时(0.1%),钙含量由0%提高到0.3%,并未能改善鲇的生长,而当饲料磷含量较充足时(0.4%),钙含量由0%提高至0.3%。可明显改善鲇的生长；又如铁和铜在促进红细胞形成方面具有协同作用，缺铜而不缺铁，也能影响铁的生物效价，使之降低，仍然会产生贫血症，反之亦然。饲料中某些矿物质，如镁、锶、钡、铜、锌等可能会抑制鱼类对钙的吸收。

（6）其他　如饲料的不同加工工艺、粒度、水质状况等都会影响矿物质的利用率。

三、淡水鱼对饲料中钙、磷的利用率

钙和磷是研究得最多的矿物元素。就重要性而言，后者大于前者，因为鱼类可从水环境中吸收钙。缺磷可导致骨骼、鳃盖畸形，生长减慢，肝脏累积脂肪等多种缺乏症状。鱼类对饲料中钙的利用率，除了受水中钙离子含量的影响外，还受饲料中钙的来源、含量、饲料组成及鱼的消化系统即有胃无胃的影响。动物来源钙、磷含量都很丰富，而植物来源含磷较多，但往往缺钙。所含磷以植酸钙、镁盐形式存在，其利用率很低。鱼粉为饲料中主要动物蛋白源，磷含量虽高，但其成分主要为磷酸钙，故利用率很低。在虹鳟、鲇等有胃鱼体内，鱼粉在胃中被胃酸分解，鱼粉中的部分磷变成可利用磷，其利用率高些。但在无胃鱼如鲤，则几乎无法分解吸收，从而磷的利用率很低。所以鱼粉对鲤来说，仍属缺磷饲料，还需添加磷酸二氢钙才能促进其生长。

第二章
淡水鱼的饲料配制

　　能为鱼类提供营养物质的物质统称为鱼类食物。其中，直接来自自然界、在原来栖息的水域中就可获得的鱼类食物称为饵料，如活、鲜、冰、冻的鱼、虾、蟹、贝等；而利用天然的动物性与植物性原料，经过人工调配与加工而成的鱼类食物称为饲料，如粉状饲料、颗粒饲料、软颗粒饲料、硬颗粒饲料、团状饲料、沉性颗粒饲料、浮性颗粒饲料等。鱼类从饵料和饲料中获得蛋白质、脂肪、糖类、维生素、矿物质等营养物质。

　　在淡水鱼类养殖过程中，饲料必不可少，其除给鱼类提供必要的营养外，还具有提高免疫力、改善消化性能、降低料肉比等作用。因此根据鱼类营养需求配制饲料非常重要。配制饲料时需充分考虑鱼的种类、生长阶段、生理状况、生长季节等因素，保证淡水鱼的营养均衡；其次，蛋白质和氨基酸比例应有适宜比例，同时注意粗纤维和可溶性糖类的比例；还应考虑淡水鱼类饲料的适口性和可消化性，在提高淡水鱼生长性能的同时，避免营养过剩，最大程度提高鱼类饲料转化率；最后，在鱼类饲料的配制环节，可采取方块法、联立方程法、营养含量法、线性规划法、计算机辅助法、试差法等计算方法。

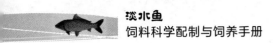

第一节 淡水鱼的饲料原料

一、饲料分类

1. 习惯分类法

根据饲料养分的大致含量将饲料分为粗饲料、青饲料、精饲料和特殊饲料；按饲料来源将饲料分为植物性饲料、动物性饲料、微生物饲料、矿物质饲料、人工合成饲料。

2. 国际饲料分类法

美国学者 L. E. Harris 根据饲料的营养特性将饲料分为粗饲料、青饲料、青贮饲料、能量饲料、蛋白质补充料、矿物质饲料、维生素饲料、饲料添加剂八大类，对每类饲料冠以 6 位数的国际饲料编码（IFN），编码分为 3 节，表示为×-××-×××，首位数代表饲料归属的类别，后 5 位数则按饲料的重要属性给定编码。

(1) 粗饲料　粗饲料是指饲料干物质中粗纤维含量高于或等于 18%，以风干物为饲喂形式的饲料，包括农业副产品、粗纤维高于或等于 18% 的干草类及农作物秸秆等。IFN 形式为 1-00-000。

(2) 青饲料　青饲料是指天然水分含量在 60% 以上的饲料。包括青绿牧草、饲用作物、树叶类及非淀粉质的根茎、瓜果类等。IFN 形式为 2-00-000。

(3) 青贮饲料　青贮饲料是指以天然新鲜青饲料为原料，在厌氧条件下，经过以乳酸菌为主的微生物发酵后调制成的饲料，具有青绿多汁的特点，如玉米青贮等。IFN 形式为 3-00-000。

(4) 能量饲料　能量饲料是指饲料干物质中粗纤维含量小于 18%，同时粗蛋白含量小于 20% 的饲料，如谷实类、麸皮（小麦麸）、淀粉质的根茎、瓜果类等。IFN 形式为 4-00-000。

(5) 蛋白质补充料　蛋白质补充料是指饲料干物质中粗纤维含量小于 18%，而粗蛋白含量大于或等于 20% 的饲料。如鱼粉、大豆饼（粕）、棉籽饼（粕）、工业合成的氨基酸和饲用非蛋白氮等。IFN形式为5-00-000。

（6）矿物质饲料　矿物质饲料是指天然和工业合成的含丰富矿物质的饲料，如天然矿物质中的石粉、大理石粉、磷酸氢钙、沸石粉、膨润土等，处理后的贝壳粉、动物骨粉，化工合成的碳酸钙、硫酸铁等无机盐。IFN形式为6-00-000。

（7）维生素饲料　维生素饲料是指由工业合成或提纯的单一或复合的维生素制剂，但不包括富含维生素的天然青饲料在内。IFN形式为7-00-000。

（8）饲料添加剂　饲料添加剂是指为了利于营养物质的消化吸收，改善饲料品质，促进动物生长和繁殖，保障动物健康而掺入饲料中的少量或微量物质。不包括合成氨基酸、矿物质和维生素，专指非营养性添加剂。IFN形式为8-00-000。

3. 中国饲料分类法

中国饲料分类法在国际饲料分类法基础上将饲料分成八大类，并结合中国传统饲料分类习惯划分为17亚类，两者组合，迄今可能出现的类别有37类。

二、蛋白质饲料

1. 蛋白质饲料的种类

（1）植物性蛋白质饲料　主要有豆类籽实及其加工副产品（饼粕类），有全脂大豆、大豆饼（粕）、棉籽饼（粕）、菜籽饼（粕）、花生仁饼（粕）、胡麻饼（粕）、葵花籽饼（粕）；某些谷物籽实加工副产品主要包括啤酒糟、酒精糟、白酒糟、玉米蛋白粉等。

（2）动物性蛋白质饲料　主要有鱼粉、虾粉、肉粉与肉骨粉、血粉、羽毛粉等。

（3）单细胞蛋白质饲料　主要有饲料酵母、小球藻和螺旋藻等。

2. 常用植物性蛋白饲料

蛋白质含量在 40% 以上的常用植物蛋白原料主要有大豆饼（粕）、花生仁粕和棉籽粕，其中大豆饼（粕）是优质的植物蛋白质原料，也是价格较高的植物蛋白质原料。在配方制作时，鱼粉由于价格高昂，资源短缺，其用量受到限制；菜籽粕、棉籽粕在淡水鱼饲料中可以较大量地使用；而大豆饼（粕）的使用量主要受配方成本的限制。

（1）大豆饼（粕）的营养特点　粗蛋白含量为 40%～50%，必需氨基酸含量高，组成合理，赖氨酸含量在饼粕类中最高，2.4%～2.8%，赖氨酸与精氨酸比约为 100∶130，蛋氨酸不足；脂肪含量受加工工艺的影响较大，高的可达 10%，低的仅 1% 左右；粗纤维主要来自大豆皮，3% 以下；矿物质钙少磷多，磷主要为植酸磷；含有丰富的维生素 B 族，但缺乏维生素 A、维生素 D。

（2）棉籽饼（粕）的营养特点　粗蛋白含量为 35%～46%，以新疆棉籽粕质量最好。氨基酸中赖氨酸较少，仅相当于大豆饼（粕）的 50%～60%，蛋氨酸亦少，精氨酸含量较高，赖氨酸与精氨酸之比 100∶270 以上。矿物质中钙少磷多，其中 71% 左右为植酸磷，含硒少。维生素 B_1 含量较多，维生素 A、维生素 D 少。研究发现，棉籽饼（粕）在淡水鱼类饲料中的用量在 35% 以下并未发现有副作用，性价比较豆粕高，棉籽饼（粕）中的抗营养因子主要为游离棉酚、环丙烯脂肪酸、单宁和植酸。

（3）菜籽饼（粕）的营养特点　粗蛋白质含量 34%～38%，氨基酸组成平衡，含蛋氨酸较多，精氨酸含量低，精氨酸与赖氨酸的比例适宜；粗纤维含量较高，12%～13%，有效能值较低；碳水化合物为不易消化的淀粉，且含有 8% 的戊聚糖；菜籽外壳几乎无利用价值，是影响菜籽粕代谢能的根本原因；矿物质中钙、磷含量均高，但大部分为植酸磷，富含铁、锰、锌、硒，尤其是硒含量远高于豆饼；维生素中胆碱、叶酸、烟酸、核黄素、硫胺素含量均比豆饼高，但胆碱与芥子碱呈结合状态，不易被肠道吸收。菜籽饼

（粕）含有硫代葡萄糖苷、芥子碱、植酸、单宁等抗营养因子。

（4）花生仁饼（粕）的营养特点　花生仁饼蛋白质含量约44%，花生仁粕蛋白质含量约47%，赖氨酸、蛋氨酸含量偏低，精氨酸含量在所有植物性饲料中最高，赖氨酸与精氨酸之比为100∶380以上，饲喂家畜时适于和精氨酸含量低的菜籽饼（粕）、血粉等配合使用；有效能值高，约12.26兆焦/千克，无氮浸出物大多为淀粉和戊聚糖；脂肪酸以油酸为主，不饱和脂肪酸占53%～78%；钙磷含量低，磷多为植酸磷，胡萝卜素、维生素D、维生素C含量低，维生素B族较丰富，尤其烟酸含量高，约174毫克/千克。核黄素含量低，胆碱含量为1500～2000毫克/千克。花生仁饼（粕）极易感染黄曲霉，产生黄曲霉毒素，引起动物黄曲霉毒素中毒。我国饲料卫生标准中规定，各类渔用配合饲料中黄曲霉毒素B_1含量不得高于50微克/千克。

（5）芝麻饼（粕）的营养特点　蛋白质含量较高，约40%，氨基酸组成中蛋氨酸、色氨酸含量丰富，尤其蛋氨酸高达0.8%以上，为饼粕类之首。赖氨酸缺乏，精氨酸含量极高，赖氨酸与精氨酸之比为100∶420，比例严重失衡，配制饲料时应注意；代谢能低于花生仁饼（粕）、大豆饼（粕），约为9.0兆焦/千克；矿物质中钙、磷较多，但多为植酸盐形式存在，故钙、磷、锌的吸收均受到抑制；维生素A、维生素D、维生素E含量低，核黄素、烟酸含量较高；芝麻饼（粕）中的抗营养因子主要为植酸和草酸。

3. 常用动物性蛋白饲料

（1）鱼粉　粗蛋白含量高，为40%～75%，氨基酸组成平衡，蛋白质生物学效价较高，适于与植物性蛋白质饲料搭配；可利用能量较多；矿物质中钙、磷含量高，磷全部为可利用磷，硒含量很高，达2毫克/千克，同时富含碘、锌、铁等微量元素；维生素B族含量高，特别是维生素B_2、维生素B_{12}丰富；含有生长未知因子（UGF）或动物蛋白因子（APF），能促进动物对营养物质的利用。使用鱼粉时要注意鉴别掺假、食盐含量高低、发霉变质、氧化酸败等问题。

(2) 骨肉粉　骨肉粉为屠宰场的副产品，将不能食用的病畜胴体，经高温、高压消毒，彻底煮烂，除去浮在水面的脂肪，剩余骨肉经干燥、磨碎制成。骨肉粉一般含蛋白质40%～60%，脂肪8%～10%，矿物质10%～25%，且富含维生素B_{12}；但其蛋白质的消化率较低，平均可消化蛋白质为38%。

(3) 肉粉　肉粉是用动物的内脏以及不能食用的肉类残渣，经高温、高压干燥处理后磨制而成的。肉粉蛋白质含量高，为54%～64%，生理效价较高，富含各种必需氨基酸。灰分中钙、磷较多，维生素B族丰富。

(4) 血粉　血粉是由屠宰场屠宰牲畜时所得的血液干制而成的，也称之为干血。血粉蛋白质含量很高，为80.2%～88.4%，且富含赖氨酸、蛋氨酸和精氨酸，是良好的蛋白质补充饲料，但氨基酸组成不平衡，不易消化，适口性差。发酵血粉消化率高，用稚鲤试验，其体内消化率为94.7%。另外，血粉中富含维生素B_2和维生素B_{12}，但缺乏维生素A和维生素D。

(5) 肝粉　由动物肝脏经过干燥加工而成。肝粉中富含优质蛋白质，赖氨酸、蛋氨酸、色氨酸含量高。肝粉中还含有大量的维生素A、鱼类生长促进剂以及养殖鱼类的引诱物质，故饲料中添加肝粉可提高摄食量，促进鱼类生长。

(6) 羽毛粉　家禽的羽毛经过高压水解、干燥而成。羽毛粉含蛋白质高达80%以上，但氨基酸组成不平衡，亮氨酸、胱氨酸含量较多，而赖氨酸、蛋氨酸、组氨酸不足，故蛋白质质量差。

(7) 蚕蛹　蚕蛹为缫丝工业的副产品。新蚕蛹水分含量高，且脂肪含量高，极易腐败变质，不宜存放，常制作成干蚕蛹贮存。蚕蛹的营养成分因加工方式不同而有很大差异。一般含蛋白质48.4%～68.5%、脂肪3.0%～25.5%、灰分2.5%～5.7%、钙0.02%～0.25%、磷0.5%～0.81%。蚕蛹主要用于鲤配合饲料，在配合饲料中可占20%左右。蚕蛹用于喂养鲤可收到较好的效果，但用于饲养虹鳟，会影响鱼肉的气味，使鱼肉带臭气，降低鱼肉品质，故不宜使用。另外，由于蚕蛹含脂肪较多，易变质，大量投喂变质蚕蛹，虹鳟会患贫血等，鲤会患瘦背病。所以，对质量差的蚕蛹应控制使用。

（8）蝇蛆　蛋白质含量高达56%～63%，富含动物所需的18种氨基酸，各种氨基酸组成合理，含有多种微量元素以及抗菌肽、凝集素、干扰素等活性成分，易于消化吸收。

三、能量饲料

1. 玉米

粗蛋白含量一般为7%～9%。其品质较差，赖氨酸、蛋氨酸、色氨酸等必需氨基酸含量较少；粗脂肪含量为3%～4%，但高油玉米中粗脂肪含量可达8%以上，主要存在于胚芽中；矿物质含量低，钙少磷多，但磷多以植酸盐形式存在；维生素含量较少，但维生素E含量较多；黄玉米胚乳中含有较多色素，主要是胡萝卜素、叶黄素和玉米黄素等。在草食性鱼类如草鱼、团头鲂，杂食性鱼类如罗非鱼、鲤饲料中，使用10%左右的小麦或玉米可以取得较好的养殖效果。

2. 小麦

粗蛋白含量居谷实类之首位，一般达12%以上，但赖氨酸不足，因而小麦蛋白质品质较差。无氮浸出物多；矿物质磷、钾等含量较多，但半数以上的磷为植酸磷；维生素B族和维生素E含量较多，但维生素A、维生素D、维生素C和维生素K含量较少；小麦中的谷朊粉和淀粉是水产饲料良好的营养型黏结剂。

3. 小麦麸

粗蛋白含量高于原粮，一般为12%～17%，氨基酸组成较佳，但蛋氨酸含量少；小麦麸中无氮浸出物含量为60%左右，粗纤维含量高达10%；有效能较低；灰分较多，所含灰分中钙少磷多，但其中磷多为（约75%）植酸磷；矿物质铁、锰、锌较多；维生素B族含量很高。另外，小麦麸容积大，每升容重为225克左右，这对调节鱼饵料密度有重要作用。

4. 次粉

蛋白质含量占12.5%～17%，其中赖氨酸、色氨酸和蛋氨酸含量均较高；脂肪含量约4%，其中不饱和脂肪酸含量高，易氧化酸败；含有丰富的维生素B族及维生素E，其中维生素B_1的含量达8.9毫克/千克，维生素B_2的含量达3.5毫克/千克；矿物质含量丰富，但钙、磷比例极不平衡，磷多属植酸磷，约占75%，但含植酸酶，因此在使用这些饲料时要注意补钙。次粉主要作为淀粉能量饲料和颗粒黏结剂使用，一般硬颗粒饲料需要有6%～8%的次粉作为黏结剂，如果使用了玉米或小麦，可以适当降低次粉的用量，或不用次粉。对于膨化饲料（即浮性饲料）需要有15%左右的面粉或优质次粉才能保证饲料的膨化效果。小麦麸作为淀粉质原料和优质的填充料在配方中使用，蛋白质含量达到13%以上，若作为配方中的填充料使用，应将添加量控制在30%以下。

5. 饲用油脂

淡水鱼饲料中常用油脂有植物性的大豆油、玉米油、米糠油以及动物性的海水鱼油。油脂所含能值是所有饲料源中最高的，为玉米的2.5倍。给鱼类补饲油脂，不但能提供能量和必需脂肪酸，还可节省鱼类对蛋白质的需要量。

四、矿物质饲料

矿物质饲料在鱼类营养方面也起着很重要的作用，可以提高鱼类对糖类的利用率，因此，在配制饲料时应注意矿物质的含量，特别是钙、磷、氯和钠的含量。饲料中添加食盐、石粉、麦饭石粉、沸石粉等，可以促进鱼体骨骼、肌肉组织的生长，提高食欲，加速鱼体的生长。

1. 食盐

食盐主要含有氯和钠两种元素。氯和钠是鱼类营养所需要的无机元素,而鱼类的植物性饲料中大都缺乏氯和钠,所以需要从饲料中适当补充。补充食盐不仅满足鱼类对氯和钠的需要,而且能增进鱼的食欲、帮助消化。

2. 钙源饲料

仅含矿物质元素钙的饲料主要包括石粉、贝壳粉和蛋壳粉。石粉主要是指石灰石粉,为天然碳酸钙,一般含碳酸钙90%以上,含钙35%以上,是补充钙的最便宜、最方便的矿物质原料。贝壳粉包括蚌壳粉、牡蛎壳粉、蛤蜊壳粉、螺蛳壳粉等,其主要成分是碳酸钙,一般含钙30%以上,是良好的钙源。蛋壳粉也是一种较好的钙源。鱼虾通常可从所处的水体中摄取足够的钙满足其需求。

3. 磷源饲料

目前生产常用的磷源饲料主要有骨粉、磷酸钙盐,提供磷源的同时也提供部分钙。磷酸钙盐是化工产品,常用的是磷酸氢钙、磷酸二氢钙、磷酸钙等,但是鱼虾对不同磷酸盐的磷利用率不同,研究证明,磷酸二氢钙的磷利用率高于磷酸氢钙。

在使用矿物质饲料时,应该注意以下几个问题:①矿物质元素的含量;②不同来源、不同化学形态的同一元素有不同的利用率;③加工处理方法影响利用率;④是否含有有害物质,如重金属铅、汞、砷等。

五、饲料添加剂

饲料添加剂指配合饲料中加入的各种微量成分,它是预混合饲料的重要成分,与蛋白质饲料、能量饲料一起组成配合饲料。其主要用途是完善配合饲料的营养成分,提高饲料的利用率,促进鱼的生长发育,预防和治疗各种鱼病,减少贮存期间饲料营养成分的变

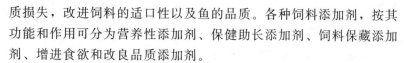

质损失,改进饲料的适口性以及鱼的品质。各种饲料添加剂,按其功能和作用可分为营养性添加剂、保健助长添加剂、饲料保藏添加剂、增进食欲和改良品质添加剂。

在鱼饲料中使用的添加剂,在鱼肉中的残留量必须不超过法定标准,不能影响鱼肉的质量和人体健康。

各种添加剂的选用要符合安全性、经济性和使用方便的要求,使用前应注意添加剂的效价(质量)、有效期、限用、禁用、用量、用法、配合禁忌等规定。不能用畜用、禽用添加剂代替鱼用添加剂。

1. 营养性添加剂

用于平衡鱼饲料的营养。添加的种类和数量取决于鱼类的营养需要量、基础日粮的营养物质含量,并考虑水质状态,做到缺什么补什么、缺多少补多少。通常根据鱼类不同生长阶段,按营养标准确定添加剂的种类和量。常用的营养物质添加剂主要有氨基酸添加剂、矿物质添加剂和维生素添加剂。

(1)氨基酸添加剂 氨基酸添加剂主要是指鱼类机体不能合成的限制性必需氨基酸,即赖氨酸、蛋氨酸等。我国鱼类饲料原料主要是植物性蛋白质饲料,而大多数植物性蛋白质饲料的蛋白质中主要缺乏赖氨酸和蛋氨酸。如果在缺乏赖氨酸、蛋氨酸的配合饲料中,加入人工生产的赖氨酸、蛋氨酸补充到鱼类需要量的水平,就能强化饲料蛋白质的营养价值,大大提高养鱼效果。

(2)矿物质添加剂 在鱼饲料中添加矿物质,能显著提高饲料效果。鱼类至少需要钙、磷、钾、钠、氯、硫、镁 7 种常量元素和铁、锰、锌、铜、碘、钴、氟、硒、镍、钼、铬、硅、钒、砷 14 种微量元素。

(3)维生素添加剂 作为添加剂的维生素,在鱼类饲料中目前已列入的有维生素 A、维生素 D、维生素 E、维生素 K、维生素 B_1、维生素 B_2、烟酸、泛酸、维生素 B_6、叶酸、维生素 B_{12}、氯化胆碱、维生素 C、维生素 H(生物素)、肌醇 15 种。国内外已将维生素添加剂作为商品生产。由于生产工艺上的原因，某些维生素很不稳定，受热、氧、光、酸、碱等的影响，几乎所有维生素添加剂都经过特殊加工和包装。例如，制成微胶囊或制成稳定的物质等。为了使用方便，维生素添加剂常根据不同鱼类的需求，配制成复合型使用。维生素的添加量，除根据鱼类营养需要的规定外，还要考虑饲料组成、环境条件（如水质、水温等）、维生素的利用率、鱼类机体维生素的消耗、维生素之间的相关性、饲料新鲜度等因素，因而比平常的需要量高些。

2. 生长促进剂

生长促进剂属于非营养性添加剂，其主要作用是刺激鱼类生长，提高饲料利用率，以及改善鱼类营养状况，它包括抗生素、抗菌药物、激素、酶制剂以及其他促生长物质。

为了人类的健康，在鱼类配合饲料中禁止添加激素。其他生长促进剂如沸石粉、复方腐殖酸钠、海藻酸钠、γ-巴豆酰内酯等有不同的促生长效果。沸石是一种含碱金属和碱土金属的铝硅酸盐，沸石粉是矿物质元素添加剂的良好载体。试验证明，添加 5%～10% 的沸石粉能使鱼增重 7.5%～8.0%，饲料消耗降低 6.5%～8.1%，对鱼类肉质无任何不良影响。复方腐殖酸钠的主要成分为腐殖酸、α-氨基酸和磷酸钙。据报道，在尼罗罗非鱼的饲料中加入 2.3% 的复方腐殖酸钠，其可增重 15% 左右。投喂方法是将每次需投喂的腐殖酸钠加水溶解后拌入饲料，混合均匀投喂。海藻酸钠是从褐藻类植物海带中加碱提取，经加工精制而成的一种多糖类糖类，具有增强黏稠性、胶化性、稳定性、组织改良性，常用作鱼虾类饵料的黏结剂，延长饲料在水中的分解时间，提高饲料的利用率，并防止水质污染。

3. 诱食剂

诱食剂能够增强水产动物的摄食欲望，增加水产生物的进食量、缩短摄食时间，促进生物对饲料的利用及转化，从而促进生长,减少饲料浪费,能够起到防止多余饲料污染水体和降低养殖成本的作用。诱食剂的种类较多,主要有以下几种,①化合物类,如DMPT(S,S-二甲基-β-丙酸噻亭)、TMAO(氧化三甲胺)、甜菜碱等,其中DMPT是含硫有机物类诱食剂中应用较多的一种,是一种富集于浮游植物、水生植物和软体类动物中的含硫化合物。在商业饲料中加入DMPT能够提高鱼、虾以及一些甲壳类水产动物的饲料效率。②动植物及其提取物类,水生动植物、藻类等的提取物对鱼虾有诱食作用,如鱼溶浆、鱿鱼膏等。③氨基酸类,氨基酸能对鱼类的感觉器官产生强烈的刺激,增加鱼类主动摄食的欲望,研究表明,牛磺酸、甘氨酸、丙氨酸等氨基酸类物质对肉食性的水产动物都具有积极的诱食效果。④中草药类,中草药对水产动物的促摄食作用产生的原因:一是中草药中含有的氨基酸、生物碱等成分本身就是诱食剂;二是中草药特殊气味会对鱼类的感觉器官产生较强的刺激,但由于中草药所包含的成分比较复杂,在基础研究中无法确切得知引起动物摄食欲望的具体物质,其中多种成分共同发挥作用,使得中草药类诱食剂对不同食性的水产动物的促摄食效果不尽相同。

4. 植物提取物

植物提取物是指从植物中提取出的具有一定活性成分的物质,近年来被广泛应用于饲料行业中,作为一种天然、安全的饲料添加剂,受到了人们的关注和喜爱。植物提取物作为饲料具有独特的优势,一方面,植物提取物富含多种维生素、矿物质和抗氧化物质等营养成分,可以为动物提供全面而均衡的营养。另一方面,植物提取物具有一定的药理活性,可以改善动物的消化吸收能力,促进生长发育,增强免疫力。此外,植物提取物还具有良好的抗氧化、抗菌和抗炎作用,可以降低动物的疾病发生率,提高生产性能。植物提取物种类众多,目前研究报道较多的天然植物提取物主要有植物精油、生物碱、多糖、多酚、黄酮类化合物等。

5. 抗氧化剂

配合饲料的一些成分，如油脂及脂溶性维生素等，在贮藏过程中与空气接触易氧化变质，结果不仅影响饲料的适口性，降低摄食量，同时，氧化脂肪摄入体内，还会影响鱼体健康。所以，配合饲料需添加一定量的抗氧化剂防止氧化作用的发生，从而保证配合饲料的质量。常用的有二丁基羟基甲苯（BHT）和乙氧基喹啉（又称乙氧喹、山道喹），用量为前者少于 0.02%，后者少于 0.015%。此外，柠檬酸、磷酸、维生素 E（生育酚）等也常用作抗氧化剂，用量没有严格规定。一般每吨配合饲料中抗氧化剂的添加量为 0.01%～0.05%。当配合饲料中脂肪超过 6% 或维生素 E 不足时，应增加添加量。

6. 防霉剂

含水量高的饲料或贮藏于高温、高湿条件下的饲料，在贮藏过程中易诱发微生物的大量生长繁殖，产生毒素，从而引起饲料的霉变。用霉变的饲料喂鱼，不仅适口性较差，饲料的营养价值降低，而且还会引起鱼类生病。防止饲料霉变的根本措施是保证原料干燥，控制贮藏条件，尽量缩短贮存时间，加速饲料的周转等。另外就是在饲料中加入一定量的防霉剂，防止饲料霉变。常用的防霉剂有苯甲酸及其钠盐、山梨酸及其钾盐、丙酸钙、丙酸钠、丙酸铵等。苯甲酸在水中的溶解度较低，故多用其钠盐。苯甲酸是酸性防腐剂，受 pH 值影响较大，pH 值在 4.5～5 范围内，对一般微生物完全抑制的最低浓度为 0.05%～0.1%。山梨酸在水中的溶解度也较低，所以也多用其钾盐，用量为每千克饲料 0.2～1 克。丙酸钙、丙酸钠、丙酸铵用量为 0.3%。丙酸钙和丙酸钠均为白色粉末，易溶于水。使用时，可将上述防霉剂加入饲料，拌匀后即能达到防霉效果。

7. 着色剂

水生观赏动物（如金鱼、锦鲤、热带鱼）及具有较高经济价值的鲤、鳟、对虾等,其体色是衡量商品价值的一个重要标志,尤其在使用人工饲料,采用高密度、集约化养殖的情况下,产品色泽问题显得十分重要。因此,在这些水生动物的配合饲料中添加一定量的着色剂是很必要的。

8. 黏结剂

配合饲料撒在水中才能被鱼虾类摄食,为防止鱼饲料营养成分的流失,提高饲料利用率,减少饲料对水质的污染,要求饲料在水中能维持一定的时间不散失。因此,鱼虾类的配合饲料须添加一定量的黏结剂。常用的黏结剂分为两大类:天然物质和化学合成物质。鱼浆、动植物胶、海藻酸钠、淀粉、酪蛋白酸钠、木质素磺酸钠、膨润土等属于天然物质。化学合成物质有聚丙烯酸钠、羧甲基纤维素等。黏结剂的选用要考虑到它们的黏结力、营养价值、安全性、来源、成本和储藏等因素,以及鱼类的种类、摄食习性,饲料加工工艺、饲料形态,因地制宜地选择添加剂的品种及其添加量。例如,用于鳗鲡的面团状饲料,配合饲料中需加入有较强黏结力的活性淀粉,一般在20%以上,它不仅用作黏结剂,同时又是重要的能量来源。在糜状饲料中添加0.5%～2.5%的木质素磺酸钠、钙或铵盐即可有较好的黏结效果。

9. 饲用酶制剂

饲用酶制剂是随着饲料工业和酶制剂工业的不断发展而出现的一种新型饲料添加剂,可分为消化酶和非消化酶两种。消化酶有蛋白酶、淀粉酶和脂肪酶等。非消化酶通常不能合成,大多是由微生物发酵而产生,用于消化畜禽自身不能消化的物质和消除饲料中的抗营养因子,如纤维素酶、半纤维素酶、植酸酶、果胶酶等。目前在养殖业中大多是利用复合酶,根据不同动物的生理消化特点以及饲料特点,将不同的单一酶按比例复配而成,因复合酶功能齐全,因而能够最大限度地提高畜禽的饲料利用率。

酶的本质是蛋白质,是生物体内复杂化学反应(称之为"代谢")的催化剂。酶制剂作为饲料添加剂具有以下特点：①可以提供动物体内缺乏的酶种，如纤维素酶、半纤维素酶等，破坏植物细胞壁，降解饲料中的抗营养因子，释放被包埋的营养物质，最大限度地扩大饲料资源，提高饲料利用率；②可以补充动物内源酶的不足，促进淀粉、蛋白质及脂肪等营养物质的消化吸收，从而可以促进动物的生长，提高饲料的消化利用率；③能够降低食糜的黏度，减少食糜在肠道中的停留时间，从而可以减少有害微生物的繁殖和一些毒素的产生，维持动物的健康；④由于酶制剂本身属于蛋白质，因而也不会产生抗药性，更不会像一些药物一样残留于畜产品中而危害人体健康；⑤可以提高动物的消化吸收能力，减少畜禽粪便中氮、磷及矿物质的排泄量，从而可以减轻对环境的污染。

由于酶制剂具有上述特点，因此将其应用于饲料工业和养殖业具有以下意义：①扩大饲料资源，降低饲料成本；②提高畜产品的安全性；③减轻对环境的污染。

10. 微生态制剂

随着水产业养殖的发展，鱼类配合饲料和饲料添加剂的应用越来越广，各种药物促长剂、化学促长剂和抗生素类添加剂应运而生。某些药物在促进生长、提高饵料利用率方面确有一定的作用，但也带来一些弊端。首先是破坏了肠道微生态平衡，导致机体对病原微生物的易感性升高，抗药性的产生以及抗生素的蓄积对人体健康造成危害，已成为重大的公共卫生问题。利用不含有害物质、无毒副作用、不污染环境并能促进动物生长、提高机体免疫力的微生态制剂，生产出安全健康的绿色食品已成为饲料工业极为重要的研究课题。

大量的研究结果表明，鱼类摄取微生态制剂，不仅可使鱼类肠道内菌群发生变化（即有害菌受到抑制，有益菌群增多），还可以刺激肠道发生局部性免疫反应，提高机体抗体水平和吞噬细胞的活性，增强机体免疫功能，提高抗病力。微生态制剂是在微生态学理论指导下，将从动物体内分离的有益微生物，经特殊工艺制成只含活菌或者包含细菌菌体及其代谢产物的活菌制剂。

第二节　淡水鱼的饲料配方设计

一、配合饲料的概念

配合饲料指根据动物的营养需要，按照饲料配方，将多种原料按一定比例均匀混合，经适当加工而成的具有一定形状的饲料。生产实践证明，配合饲料与生鲜饲料或单一的饲料原料相比有如下优点。

1. 饲料营养价值高

由于配合饲料是以动物营养学原理为基础，根据鱼类不同生长阶段的营养需求，经科学方法配合加工而成，因而所含营养成分比较全面、平衡。它不仅能够满足鱼类生长发育的需要，而且能够提高各种单一饲料养分的实际效能和蛋白质的生理效价，起到取长补短的作用。

2. 提高饲料利用效率

加工制粒过程的加热作用使饲料熟化，提高了饲料蛋白质和淀粉的消化率。同时，在加热过程中还能破坏某些原料中的抗营养物质。

3. 充分利用饲料资源

某些不易被鱼类利用的原料，如生产粮、油等过程中产生的下脚料，经过机械加工处理，可与其他精饲料充分混合制成颗粒饲料，从而扩大了鱼类饲料的原料资源。

4. 配合饲料的适口性好

根据不同鱼类的食性及同种鱼类不同规格的要求，可制成相应粒径的颗粒饲料，因而大大提高了饲料的适口性，有利于鱼类养殖业的规模化、机械化和专业化生产。

5. 减少水质污染，增加放养密度

配合饲料在制粒过程中，因加热或添加黏结剂使淀粉糊化，增强了其他饲料成分的黏结，从而减少了饲料营养成分在水中的溶失以及对养殖水的污染，降低了池水的有机物耗氧量，提高了鱼类的放养密度和单位面积的产量。

6. 减少和防治鱼病

饲料在加工过程中，不仅能去除毒素、杀灭病菌，并且能减少由饲料引起的各种疾病。加之配合饲料营养全面，满足了鱼类对各种营养素的需要，改善了鱼的消化和营养状况，增强了鱼体的抵抗能力，从而减少了鱼病的发生。

7. 有利于饲料运输和储存

节省劳动力，提高劳动生产效率，降低了渔业生产的劳动强度。

二、配合饲料的类型

配合饲料的类型一般可按其营养成分、饲料的形态等方面来分。

1. 按营养成分分

（1）全价配合饲料　是根据养殖对象生长阶段的营养需求，制定出科学配方，然后按照配方将蛋白质饲料、能量饲料、矿物质饲料和维生素等添加剂加工搅拌均匀，制成所需形态的饲料。这种饲料所含的营养成分全面、平衡，能完全满足鱼类最佳生长对各种营养素的需要。

（2）添加剂预混料　是将营养性添加剂（维生素、微量元素、氨基酸等）和非营养性添加剂（促生长剂、酶制剂、抗氧化剂、调味剂等），以玉米粉、糠麸等为载体，按养殖对象要求进行预混合而成。一般用量占配合饲料总量的5%以内。

（3）浓缩饲料　是将添加剂预混料和蛋白质饲料等，按规定的配方配制而成。一般可占配合饲料的30%～50%。

2. 按物理性状分

可分为粉状配合饲料、颗粒状配合饲料、微粒配合饲料等。颗粒状配合饲料有软颗粒状配合饲料、硬颗粒状配合饲料和浮性颗粒状配合饲料。微粒配合饲料又分为微胶囊饲料、微黏合饲料和微膜饲料。

（1）粉状配合饲料　粉状配合饲料由一定比例饲料原材料经过碾压、搅拌、揉搓、混合均匀后形成。在饲养环节，会根据鱼类种类、体型大小和觅食习惯的不同，在粉状配合饲料中加入一定比例水，调配成浆状、糜状、面团状等。粉状配合饲料适用于饲养水花苗、小苗种以及摄食浮游生物的鱼类。粉状配合饲料经过加工，加黏合剂、淀粉和油脂喷雾等加工工艺，揉压而成面团状或糜状，适用于虾、蟹、鳖及其它名贵肉食性鱼类食用。

（2）颗粒状配合饲料　饲料原料先经粉碎（或先混匀），再充分搅拌混合，加水和添加剂，在颗粒机中加工成型的颗粒状饲料总称为颗粒状配合饲料，可以分以下三种：

① 硬颗粒状配合饲料。成形饲料含水量低于12%，颗粒密度大于1.3克/厘米^3，沉性。蒸汽调质到80℃以上，硬性，直径1～8毫米，长度为直径的1～2倍。适合于养殖鲤、鲫、草鱼、青鱼、团头鲂、罗非鱼等品种。

② 软颗粒状配合饲料。成形饲料含水量25%～30%，颗粒密度1～1.3克/厘米^3，软性，直径1～8毫米，面条状或颗粒状饲料。在成形过程中不加蒸汽，但需加水40%～50%，成形后干燥脱水。我国养殖的现有品种，尤其是草食性、肉食性或偏肉食的杂食性鱼都喜食这种饲料，如草鱼、鲤和鲈等。软颗粒状配合饲料的

缺点是含水量大，易生霉变质，不易贮藏及运输。

③ 浮性颗粒状配合饲料。成形后含水量小于硬颗粒状配合饲料，颗粒密度约 0.6 克/厘米^3，为浮性泡沫状颗粒。可在水面上漂浮 12～24 小时不溶散，营养成分溶失小，又能直接观察鱼吃食情况，便于精确掌握投饲量，所以饲料利用率较高。一般而言，浮性颗粒状配合饲料主要用于饲养观赏性鱼类，比如锦鲤。

(3) 微粒配合饲料　微粒配合饲料是直径在 500 微米以下，最小至 8 微米的新型饲料的总称。它们常作为浮游生物的替代物，称为人工浮游生物。供甲壳类幼体、贝类幼体和鱼类仔稚鱼食用。微粒配合饲料应符合下列条件：

① 原料需经超微粉碎，粉料粒度能通过 200～300 目筛；

② 高蛋白低糖，脂肪含量在 10% 以上，能充分满足幼苗的营养需要；

③ 投喂后，饲料的营养素在水中不易溶失；

④ 在消化道内，营养素易被仔稚鱼（虾）消化吸收；

⑤ 颗粒大小应与仔稚鱼（虾）的口径相适应，一般颗粒的大小在 50～300 微米；

⑥ 具有一定的漂浮性。

用于制备微粒配合饲料的原料有鱼粉、鸡蛋黄、蛤肉浓缩物、大豆蛋白、脱脂乳粉、葡萄糖、氨基酸混合物、无机盐混合剂及维生素混合剂。

三、淡水鱼配方饲料设计原则

① 根据淡水鱼的生长发育阶段对营养物质的需要设计配方。

② 根据淡水鱼的生理特点设计配方。

③ 了解和掌握各种原料的特性和营养成分情况，平衡配方的营养成分。

④ 保证饲料卫生安全。

四、配合饲料配方的设计方法

配合饲料配方的设计方法可分为手工设计法、线性规划及计算机软件设计法。配制淡水鱼饲料时要注意饲料配方的合理性，考虑饲料营养，包括蛋白质、脂肪、维生素、矿物质等营养成分与容量的关系，注意鱼饲料原料的选择，合理使用饲料添加剂等。

1. 手工设计法

(1) 试差法　此法容易掌握，大致可分为五个步骤：

① 确定饲养标准；

② 根据当地饲料来源状况，以及自己的经验初步拟定出饲料的原料试配配合率；

③ 从《中国饲料成分及营养价值表》查出所选定原料的营养成分含量；

④ 按试配配合率计算出所选定的各种原料中各项营养成分的含量，并逐项相加，算出每千克配合饲料中各种营养成分的含量，然后与饲养标准相比较，再调整到与饲养标准相符合的水平，再检查价格；

⑤ 根据饲养标准添加适量的添加剂，如维生素、无机盐等。

(2) 对角线法（或称交叉法，方形法）　此法简单易行，其缺点是只能满足一项指标（如粗蛋白）的需要量，而不能考虑多项营养指标。在需要考虑的营养指标较少的情况下，可采用此种方法。该法是把原料分成2～3组，每种原料在同一组中的比例是预定的，然后再求得每一组原料在配方中应占的比例，最后按原定的每种原料在本组中的比例，计算出饲料配方。

如某养殖场为草鱼设计饲料配方，选用鱼粉、大豆饼（粕）、玉米、米糠、麸皮、次粉、矿物质及维生素添加剂，其步骤如下：

① 设计一种粗蛋白含量为28%的草鱼配合饲料，查《中国饲料成分及营养价值表》。例如，各原料粗蛋白含量为：鱼粉60%，大豆饼（粕）37.4%，玉米9%，米糠13.6%，麸皮16.1%，次

粉 14.2%，添加剂不含蛋白质。

② 把各饲料原料，按蛋白质含量多少分成三类，即蛋白质饲料、能量饲料及添加剂。按原料来源情况与价格，初步规定每一种原料在各类中的比例，然后计算各类饲料的蛋白质含量。

蛋白质饲料：鱼粉 40%×60%＝24%

大豆饼（粕）60%×37.4%＝22.44% 蛋白质含量 46.44%

能量饲料：玉米 40%×9%＝3.6%

米糠 15%×13.6%＝2.04%

麸皮 15%×16.1%＝2.415%

次粉 30%×14.2%＝4.26% 蛋白质含量 12.32%

添加剂： 蛋白质含量 0

③ 把不含粗蛋白的添加剂从预计配制的配合饲料中除去，再核算余下的配合饲料中蛋白质的含量。假定配制 100 千克配合饲料，添加剂占 3%，余下的为 97 千克。

97 千克饲料中实际粗蛋白含量应为

28%÷(100%－3%)＝28.87%

④ 画方块图，把实际要配制的蛋白质含量写在中间，左上角、左下角分别写能量饲料与蛋白质饲料的蛋白质含量，连接对角线，顺对角线方向为大数减小数，将差数分别写在右上角、右下角，再计算求得两大类饲料应该占的比例。

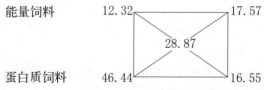

能量饲料的比例：$\dfrac{17.57}{17.57+16.55}×100\%＝51.49\%$

蛋白质饲料的比例：$\dfrac{16.55}{17.57+16.55}×100\%＝48.51\%$

⑤ 分别计算出各饲料原料在配方中的比例：

玉米 97%×51.49%×40%＝19.98%

米糠	97％×51.49％×15％＝7.49％
麸皮	97％×51.49％×15％＝7.49％
次粉	97％×51.49％×30％＝14.99％
鱼粉	97％×48.51％×40％＝18.82％
大豆饼（粕）	97％×48.51％×60％＝28.23％
矿物质混合盐	2.00％
维生素添加剂	1.00％
合计	100.00％

必须注意：方块的左边即两类饲料原料的粗蛋白含量，与要达到的配方指标相比，必须一大、一小。若两类原料都比配方要求的大或小，最后算出的配方是错误的。借助编程计算器，可在短时间内完成上述过程的快速运算，从而获得符合营养标准的配方。

（3）代数法　此法利用数学上联立方程求解法来计算饲料配方，是以原料营养成分为系数列出二元一次方程组，并求解得出原料在配合饲料中的比例。优点是条理清晰，方法简单；缺点是饲料种类多时，计算较复杂。如用鱼粉、大豆饼、玉米、菜籽饼、米糠、次粉、矿物质及维生素添加剂设计蛋白质含量为26％的配合饲料配方，其计算步骤如下：

① 查《中国饲料成分及营养价值表》或实测得上述原料的粗蛋白含量依次为60％、40％、36％、14.2％、13.6％和9％。

② 将6种基础饲料划分为两组，即蛋白质饲料和能量饲料，并根据其特性、来源及市场价格等确定每种原料在所在组中的比例，然后计算出每组饲料的粗蛋白含量。

③ 确定添加剂占配合饲料的3％，扣除3％不含粗蛋白的添加剂之后，基础配方中应含粗蛋白为：

$$26\% \div (100\% - 3\%) = 26.80\%$$

④ 列方程：设蛋白质饲料占基础饲料配方的 $x\%$，能量饲料占基础饲料配方的 $y\%$，则得方程：

$$x\% + y\% = 100\%$$
$$42.4\% \times x\% + 12.4\% \times y\% = 26.80\%$$

⑤ 解方程

$$x = 48$$
$$y = 52$$

⑥ 分别计算出各饲料原料在配方中的比例：

玉米	97％×52％×40％＝20.17％
米糠	97％×52％×15％＝7.57％
麸皮	97％×52％×15％＝7.57％
次粉	97％×52％×30％＝15.13％
鱼粉	97％×48％×40％＝18.62％
大豆饼（粕）	97％×48％×60％＝27.94％
矿物质混合盐	2.00％
维生素添加剂	1.00％
合计	100.00％

2. 线性规划及计算机软件设计法

线性规划（linear programming，LP）是最简单、应用最广泛的一种数学规划方法。为了获得营养合理、成本最低的配方，目前常采用线性规划法来设计。其原理是将养殖对象对营养物质的最适需要量和饲料原料的营养成分及价格作为已知条件，把满足鱼类营养需要量作为约束条件，再把饲料成本最低作为设计配方的目标，用计算机软件进行运算。所显示的配方可满足对饲料最低成本的要求，但设计出来的配方并不一定是最优配方，要根据养殖实践来进行判断，并依据判断调整和计算，直至满意为止。用线性规划法设计优化饲料配方必须具备的条件：

① 掌握养殖对象的营养标准或饲料标准；

② 掌握各种饲料原料的营养成分含量和价格；

③ 来自一种饲料原料的营养素的量与该原料的使用量成正比（原料使用量加倍，营养素的量也加倍）；

④ 两种或两种以上的饲料原料配合时，营养素的含量是各种饲料原料中的营养素的含量之和（即假设没有配合上的损失，也没

有交叉作用的效果)。

计算机软件设计法是：输入所要设计配方的营养、价格、原料要求等限制条件，利用计算机软件的饲料配方设计程序和饲料原料营养素数据库的数据，计算和设计出符合要求的饲料配方。计算机软件还可通过人工智能来优化配方。

计算机软件设计法的应用，弥补了手工设计法设计的配方粗糙和计算量大的缺点。可处理较多的因子关系，设计的配方也科学合理。

3. 推荐几种淡水鱼配方

(1) 鲤饲料配方　小麦 15.5%，鱼粉 4.5%，豆粕 15%，棉籽粕 14%，菜籽粕 14%，花生仁粕 14%。玉米蛋白粉 8%，DDGS (干酒糟及其可溶物) 6%，豆油 5%，磷酸二氢钙 2%，预混料 2%。

(2) 鲫饲料配方　小麦 25%，鱼粉 8%，豆粕 20%，菜籽粕 19%，棉籽粕 18%。豆油 6%，磷酸二氢钙 2%，预混料 2%。

(3) 罗非鱼饲料配方　小麦 39.5%，鱼粉 8%，豆粕 10%，花生仁粕 12%，棉籽粕 12%，菜籽粕 12%，豆油 3%，磷酸二氢钙 1.5%，预混料 2%。

(4) 草鱼饲料配方　小麦 30.7%，豆粕 25%，酒糟 8%，菜籽粕 16%，棉籽粕 16%，磷酸氢钙 2%，食盐 0.3%，预混料 2%。

(5) 大口黑鲈饲料配方　面粉 3%，鱼粉 39.5%，豆粕 20%，玉米蛋白粉 9%，花生仁饼 9%，花生仁粕 9%，豆油 6.5%，磷酸二氢钙 2%，预混料 2%。

如自行配置淡水鱼饲料应注意：第一，设计合理的饲料配方，要根据养殖鱼类的种类及其生长阶段来确定饲料中蛋白质、能量等营养素的水平，保持适宜的能量蛋白比。第二，考虑饲料营养与容量的关系，要保证鱼类在摄入足够的营养同时能产生饱感。第三，饲料原料的选择要遵循质优价廉、货源稳定、运输方便三大原则，原料的种类越多越好。第四，不能使用发霉变质的原料，以免其中的大量的病菌和毒素引起鱼类患病，如不小心使用了发霉变质的原料，建议在鱼饲料中添加清除体内毒素、帮助肝胆排毒解毒的胆汁酸。第五，不宜过多使用棉籽粕、菜籽粕、油渣、肉粉等作为原料，量过多会阻碍淡水鱼生长。第六，鱼饲料制粒前应与蒸汽搅拌混合进行调质，使淀粉糊化，提高鱼类的消化率，一般按物料5%的比例来计算所需的蒸汽量。第七，选用正规厂家生产的维生素和矿物质预混料，合理添加在饲料中。

第三节　淡水鱼的饲料加工工艺

配合饲料质量的高低，除与配方设计、原料的选用有关外，还与所采用的加工工艺和设备有关。淡水鱼因生活环境、生活习性及生理机能等方面的特点，对配合饲料的加工要求比畜、禽饲料高，主要表现在：第一，对饲料原料的粉碎粒度要求比较高。淡水鱼消化道较短、直径小，原料粉碎的粒度直接影响其消化利用率，所以原料粉碎的粒度要细，鳗的饲料一般为粉状，使用时再制成糜状团块，以利于消化吸收。第二，饲料的耐水性即黏合性要好。淡水鱼生活在水中，饲料必须具有良好的耐水性，否则会很快溃散，造成营养成分溶失。饲料的耐水性与原料种类有关，常用原料对饲料耐水性的影响顺序为：面粉＞棉籽粕＞小麦粉＞鱼粉＞菜籽饼（粕）＞大豆饼（粕）＞蚕蛹＞麸皮＞玉米蛋白粉＞玉米粉＞米糠。排序在前的原料在配方中占的比例越大，饲料的耐水性越好，而排序在后的原料在配方中占的比例越大，饲料的耐水性越差。为此，可以加入黏结剂，或采用后熟化工艺，使配合饲料能在水中维持数小时不溃散。第三，考虑饲料的可消化性。淡水鱼不能有效地利用无氮浸出物，配合饲料中无氮浸出物含量不要超过30%。还应在饲料中添加维生素C、烟酰胺和维生素E。因此，在进行淡水鱼配合饲料的研究和生产时，必须充分考虑上述特点，合理地选择加工设备和工艺，设计并生产出符合要求的饲料。

当前我国淡水鱼配合饲料的加工主要采用两种加工工艺，即先粉碎后配合和先配合后粉碎。

一、先粉碎后配合加工工艺

具体流程为：原料接收和清理→原料粉碎→配料→混合→调质→颗粒机制粒→（后熟化）→（虾料通常需要烘干）→冷却→过筛包装或破碎后过筛包装。需要粉碎的原料通过粉碎设备逐一粉碎成粉状后，分别进入各自的中间配料仓，按照饲料配方的配比，对这些粉状的能量饲料、蛋白质饲料和添加剂饲料逐一计量后，进入混合设备进行充分混合，即成粉状配合饲料，如需压粒就进入压粒系统加工成颗粒饲料。这种配合饲料加工工艺的特点是，单一品种饲料源进行粉碎时粉碎机可按照饲料源的物理特性充分发挥其粉碎效率，降低电耗，提高产量，降低生产成本，粉碎机的筛孔大小或风量还可根据不同的粒度要求进行调换或选择，这样可使粉状配合饲料的粒度质量达到最好的程度。缺点是需要较多的配料仓和破拱振动等装置；当需要粉碎的饲料源超过三种时，还必须采用多台粉碎机，否则粉碎机经常调换品种，操作频繁，负载变化大，生产效率低，电耗也大。目前这种工艺已采用电脑控制生产，配料与混合工序和预混合工序均按配方和生产程序进行。我国大多采用这种加工工艺。

二、先配合后粉碎加工工艺

具体流程为：原料接收和清理→配料→混合→原料粉碎→二次混合→调质→颗粒机制粒→后熟化（虾料通常需要烘干）→冷却→过筛包装或破碎后过筛包装。先将各种原料（不包括维生素和微量元素）按照饲料配方的配比，采用计量的方法配合在一起，然后进行粉碎，粉碎后的粉料进入混合设备进行分批混合或连续混合，并在混合开始时将被稀释过的维生素、微量元素等添加剂加入，混合均匀后即为粉状配合饲料。如果需要将粉状配合饲料压制成颗粒饲料时，将粉状饲料经过蒸汽调质，加热使之软化后进入压粒机进行压粒，然后再经冷却即为颗粒饲料。它的主要优点是：难粉碎的单一原料经配料混合后易粉碎；原料仓同时是配料仓，从而省去中间配料仓和中间控制设备。其缺点是：自动化程度要求高；部分粉状饲料源要经粉碎，造成粒度过细，影响粉碎机产量，又浪费电能。欧洲大多采用这种工艺。

三、配合饲料加工工艺流程

1. 粉状饲料

基本工艺流程为：粉状饲料原料接收和清理→部分原料粗粉碎，一次配料一次混合→微粉碎→（添加预混料）二次混合→包装。基本工艺流程如下：粉状饲料＋绞成糜状的小杂鱼虾＋水或油脂→混合→搅拌捏合或软颗粒机制粒。粉状饲料在使用时，可补充添加物后搅拌捏合成团或制成软颗粒饲料后饲喂。

2. 硬颗粒饲料

原料的接收和清理→粉碎或微粉碎→配料→混合→调质→制粒→后熟化→烘干→后喷涂→冷却→破碎→筛分→包装等加工工序。

3. 膨化饲料（浮性颗粒饲料）

原料接收和清理→原料粗粉碎→配料（微粉碎）→混合→调质→挤压膨化→烘干→过筛→后喷涂→冷却→包装。膨化饲料在水产养殖业发展到一定阶段后应运而生，膨化饲料不仅应营养均衡、水稳定性好，而且不会对水产动物生存的水体环境质量产生影响。

4. 微粒饲料

微粒饲料的加工工艺比较复杂，加工条件要求高，但微黏合饲料的加工方法和设备较为简单，投资也少，主要利用黏结剂的黏结作用保持饲料的形状和在水中的稳定性。基本工艺流程为：原料接收和清理→原料粗粉碎→配料→微粉碎→加入黏结剂后搅拌混合→

固化干燥→微粉化→过筛包装。

第四节　配合饲料的质量管理与评价

渔用配合饲料的质量管理指从原料采购至产品销售及投喂前的贮存等整个过程，包括原料采购、原料检验、原料进库、配方设计、生产过程、产品包装、贮藏保管等各个环节。

一、渔用配合饲料的质量管理

渔用配合饲料的质量包括感官指标、物理指标、营养学指标和卫生学指标等。

1. 感官指标

人类的感官包括视觉、嗅觉、味觉、听觉及触觉等。感官鉴定是最原始也是最简单和基础的检查方法。通常要求饲料色泽一致，具有该饲料或原料固有的气味，无异味，无发霉、变质、结块等现象，无鸟、鼠、虫粪便等杂质污染。颗粒饲料表面光滑，粉料粒度均匀并合乎质量要求，对鳗鲡、鳖等饲料要求有良好的伸展性和黏弹性。

（1）视觉鉴定　通常视觉检查可以了解单个原料的形状、色泽，是否掺有异物，是否有微生物侵染等。鉴定时，如果待测产品为白色，则背景颜色应该为黑色；如果待测物品为黑色，则背景宜为白色。其他色泽的待测物品多用白色背景。另外需注意光线明暗，以保证对原料的颗粒大小、色泽、形状等有正确的判断。必要时，可加少量水观察色泽的变化。

（2）嗅觉鉴定　刺激性和腐败性原料可通过气味鉴定出来。如臭味较重，则容易判别；如果判断困难，可通过加温水搅拌使其异味散发出来。

（3）味觉鉴定　通过舌头的感觉，可以鉴别出原料的新鲜度、

刺激性味道及砂粒情况。注意：为了避免有毒有害物质损害人体健康，用口鉴定后，一定要漱口。

（4）听觉鉴定　某些原料或饲料，如干燥良好，在振动时发出金属音，反之，水分过高则无金属音。还可以通过饲料掉落的声音来鉴定饲料的品质。该方法仅作为辅助方法。

（5）触感鉴定　用手来感觉待测物品的密度、干燥程度及硬度等，并判断饲料是否正常。可以通过攥握判定大致的水分含量。

2. 显微镜检查

显微镜检查简称镜检，通常用来观察饲料或原料的外观形状、颜色、颗粒大小、软硬、构造等。亦可通过高倍显微镜来观察细胞组织结构以鉴别饲料，主要目的是检查饲料是否有掺假、污染，加工处理是否合适等。

3. 粒状饲料外形性质检查

由于水产动物种类不同，食性、大小不同，对饲料的形状等要求也不尽相同。颗粒饲料的外形性质通常包括直径比、体积、含粉率、细度等。

（1）直径比　即圆柱形饲料的长度与直径之比，直径是由鱼类的口吞食适宜度来确定的，长度是由鱼类摄食方式和进食时间来决定的。

（2）密度　即单位体积颗粒饲料的质量。密度的大小影响饲料的沉浮能力，通常调节饲料的沉降速度就是调节饲料的密度。

（3）含粉率和细度　含粉率亦称粉化率，是造粒过程中不符合粒状要求的粉状量占饲料总量的比例，这些粉状物在投喂过程中大多不能被鱼类摄食，不但造成饲料浪费，还会污染水体。粉化率可通过过筛法测定。

4. 颗粒饲料物理性质检查

颗粒饲料的物理性质包括硬度、耐磨度、耐水性及漂浮性等。

硬度大小会影响鱼类的摄食,硬度的测定通常使用弹簧硬度计;耐磨度是指颗粒饲料耐受各种操作、移动、搬运等过程而不破碎的能力,可用旋罐法或吹磨法测定;耐水性是水产颗粒饲料最重要的品质之一,对于摄食速度快的鱼类,饲料的耐水性要求不高。

耐水性的测定通常包括膨胀速度、侵蚀强度及营养溶失强度等,可用膨胀率、崩解时间、营养溶失率等来衡量。膨胀率指饲料颗粒在水中浸泡一定时间后,颗粒吸水膨胀后的体积增加值与浸泡前的体积的比值,用百分数表示。有适度膨胀率的水产饲料颗粒有利于水产动物的摄食与消化,相反,膨胀率太小或者太大都不利于摄食与消化吸收。崩解时间即颗粒饲料在 20℃ 清水中,逐渐溶失及崩解所需要的时间。营养溶失率待测样品在 20℃ 清水中浸泡一段时间后,取出再进行营养成分分析,营养成分总量减去残存量,再除以总量得出的百分数即是营养溶失率。另外,颗粒饲料的漂浮率和漂浮时间也是重要指标。漂浮率是指在 20℃ 清水中,经一定时间浸泡后漂浮在水面上的颗粒饲料占投入颗粒饲料的比例。漂浮时间是指颗粒投入 20℃ 清水中,在水面上漂浮的时间。

5. 黏团性饲料黏弹性测定

鳗鲡在进食时有拉扯行为,因此要求饲料有一定的黏弹性。食品科学中通常可以用质构仪来测定,但一般仍以感觉来估计。

6. 营养学指标

饲料的营养学指标主要包括各种营养素的含量和比例,如能量、粗蛋白、必需氨基酸、粗脂肪、必需脂肪酸、粗纤维、无机盐和维生素等。

7. 卫生学指标

遵循 GB 13078—2017《饲料卫生标准》,及其他如 NY 5072—2002《无公害食品　渔用配合饲料安全限量》饲料标准等。限制饲料中对动物和人类健康有影响的有毒有害物质,如有害微生物、有害重金属、有害药物、其他有机物或农药残留物等。

二、渔用配合饲料的质量评价方法

1. 化学评定法

分析饲料中各种营养成分的含量是评定饲料营养价值的基本方法。通常应该分析的指标包括粗蛋白、粗脂肪、无氮浸出物、粗纤维、粗灰分、钙、磷以及能量等。还可以测定饲料的砂分、盐分和非蛋白氮。纯养分化学测定包括饲料的氨基酸组成、脂肪酸组成、常量及微量元素的组成，另外可检测脲酶、氰化物、亚硝酸盐、棉酚、黄曲霉毒素，油脂的碘价、酸价及过氧化物价等指标。

2. 消化率评定

饲料的化学成分分析通常只能反映某些营养素的含量，而鱼类对不同来源的营养素的消化和吸收效率并不一样。消化率高，则饲料中营养物质可被利用的成分占比就大，表明饲料的质量就高。

3. 养殖试验评定

通过养殖试验，使用被测饲料投喂养殖对象一定时间周期后，观察生长速度、生物量的增加、饲料系数（或饲料效率）及经济效益评价饲料质量。养殖试验是评价饲料质量的可靠办法，它反映了饲料综合效果，包括饲料营养组成和科学性、可消化性、饲料效率和安全性等。评价指标通常有生物学指标，如体重、体长、单产等；饲料系数与饲料效率，饲料系数是指养殖对象单位体重所消耗的饲料量，饲料效率是饲料系数的倒数，一般以百分数表示；废物排放；产品品质及养殖效益核算。

第三章 池塘养鱼

第一节　鱼苗培育

鱼苗的培育是指从下塘鱼苗开始经15～20天的培育养成3厘米左右的夏花（又称寸片或火片）。这种培育方法又称为一级培育法，是生产实践中常采用的。除此之外，还有二级培育法，即先将鱼苗养成1.7～2.0厘米的乌仔，然后再分塘养成4～5厘米的大规格夏花。这种培育方法适于出售乌仔的养殖单位，鱼苗下塘时，每亩池塘可较一级培育法多放鱼苗，待养到乌仔时就出售，然后池塘就自然分稀，剩下未售的乌仔在原池继续饲养至夏花。这种方法方便、快捷，节省养殖面积。

刚下塘的鱼苗体质较弱，抵抗力差，对环境要求高，不能直接放入大水体中，只能放入人工易于控制的池塘中进行培育，养成夏花，进而培育成鱼种才能放入大水体中，养成商品鱼。

我国地域广阔，各地由于条件不一，各有一套比较适于当地的培育方法：比如江浙地区的豆浆培育法，两广地区的大草培育法以及湖南、江西地区的粪肥培育法等。

一、鱼苗下塘前的准备工作

1. 鱼苗池的选择和整修

鱼苗池条件的好坏，直接影响鱼苗的生长和成活率，所以，在选择池塘前应考虑：培育池通常选用1~3亩为宜，长方形，东西向；池深1.5~2.0米，水深1.0~1.5米，池埂要平实、坚固，不漏水，土质最好是黏性适度、透水、透气性较强的沙质壤土；池底平坦，并向排水处倾斜，池底淤泥厚10~15厘米，池中不能有水草丛生；水源充足，水质良好，无污染，注排水方便。

池塘在养一年鱼之后，往往存在许多能吞食鱼苗的野杂鱼和水生昆虫，还有许多致病菌、寄生虫、虫卵等。而且鱼的残饵、粪便、动植物尸体等沉积池底，泥沙混合成的淤泥逐渐增多，池埂受风浪冲击而倒塌，这些都需要进行清理和整修。具体做法是利用冬季渔闲将池水排干，挖出过量的淤泥，池底整平，修好池埂和进水口、排水口，填好漏洞裂隙，清除杂草和淤泥等。这样池塘经过一个冬季的冰冻和日晒，可减少病虫害的发生，并使土质疏松，加速土壤中有机质的分解，达到改良底质和提高池塘肥力的目的。

2. 清塘消毒

药物清塘的最佳时间是在鱼苗下塘前的10~15天。清塘过早，在鱼苗放养前往往会重新出现一些有害生物；清塘过晚，放苗时毒性未消失则影响鱼苗的生长。清塘一般选择晴天进行，在阴雨天操作不方便且药效也不能充分发挥，清塘效果不好。

（1）生石灰　生石灰清塘时，在短时间内能使水的pH值提高到11以上，能杀死野杂鱼、敌害生物和病原体。生石灰清塘还能促进有机物质的分解，使水质变肥；能保持水中pH值呈弱碱性，有利于浮游生物的繁殖和鱼类的生长。

生石灰清塘方法一般有如下两种：

① 浅水清塘　池底保持有6~10厘米深的浅水，每亩用生石灰60~75千克。在池底四周均匀挖几个小坑，把生石灰倒入坑内，加水溶化，不等冷却便全池泼洒。次日捞去被毒死的野杂鱼，再用泥耙翻动池底的淤泥，以提高消毒效果，并可促进有机质的分解，增加土壤肥力。清塘后7~10天药性消失，即可放鱼。

② 深水清塘　在某些排灌水不便的鱼塘，也可采取深水清塘

法。一般水深1米，每亩可用生石灰150～200千克。加水调匀后立即全池泼洒。药性7～10天后消失，即可放苗。

（2）漂白粉　清塘效果与生石灰相似，但药性消失快，对急于使用的鱼池较为适宜。漂白粉一般含有效氯30%左右，加水后分解为次氯酸和氯化钙，次氯酸有强烈的杀菌和杀死敌害生物的作用。漂白粉清塘时，水深1米用量约14千克/亩；水深30厘米，用量为4.5～5千克/亩；水深5～10厘米，用量为3～4千克/亩。用法为漂白粉加水溶化后立即均匀泼洒全池，清塘后3～5天即可放鱼苗。漂白粉清塘时要注意两点：①漂白粉易受热受潮，挥发分解而失效，用前须测定有效氯含量，继而推算其实际用量；②漂白粉消毒效果受水中有机质影响较大，池水愈肥，则效果愈差。因此，肥水中应酌情增加用量。

（3）茶粕（饼）　茶粕（饼）内含有皂苷，对野杂鱼、水生昆虫、蝌蚪和螺蛳等有杀害作用，但对细菌无效。用量是：水深1米，每亩用60～70千克；浅水消毒，则每亩用25～30千克。用前先粉碎，用水浸泡一昼夜，然后再加水均匀泼洒全池。清塘后10～13天就可放鱼苗。

（4）氨水　一般含量18%左右，是以其强碱性来杀死池中的有害生物。清塘时，池水留5厘米左右，用量为每亩20～30千克；若水深1米左右则每亩用量50～60千克。使用时先将氨水稀释再均匀泼洒，最好用塘泥拌匀后遍洒全池，这样能减少氨水挥发。5～6天后毒性消失即可放鱼。

（5）鱼藤酮　0.0002%浓度的鱼藤酮对野杂鱼和水生昆虫有毒杀作用。清塘时，水深30厘米，每亩用量450克左右。方法是将鱼藤酮加水稀释后，均匀泼洒全池，7～8天后药性消失，可放鱼苗。

（6）巴豆　含有巴豆毒蛋白，能毒杀鱼类，是一种较好的清除野杂鱼的药物。用量为水深30厘米，每亩用1.5千克；水深1米，每亩用3千克。用法是将巴豆捣碎用3%盐水浸泡，2～3天后连渣带汁加水冲稀后全池均匀泼洒。药性7天左右消失。

3. 培肥水质

清塘后，鱼苗下塘前以施基肥的方法加速培养水中的浮游生物，使鱼苗下塘后有较丰富的开口食物，这种方法就叫"肥水下塘"。

(1) 肥水下塘的生物学原理　池水施肥后，各种浮游生物的繁殖速度和出现高峰的先后顺序是：浮游植物—原生动物—轮虫和无节幼体—小型枝角类—大型枝角类—桡足类；鱼苗下塘后的食性转化是：轮虫和无节幼体—小型枝角类—大型枝角类。所以，适时下塘就是在施肥后池中轮虫和无节幼体量达到高峰时将鱼苗下塘，使其有丰富的开口饵料，而且以后各个阶段都有适口的饵料。一般在20～25℃时，鱼池清塘施肥后8～10天轮虫和无节幼体量达到高峰。所以，一般清塘后2～3天施肥是比较合适的。

(2) 培肥水质的几种方法

① 施粪肥法。一般每亩水面施粪肥300～400千克，可采用全池泼洒的方法。

② 混合堆肥法。是将陆草、水草、豆科作物的叶与各种粪肥按不同的比例混合，并加入少量的生石灰进行堆制、发酵而成的。可参考配方：a. 青草10份、牛粪6份、羊粪2份、人粪1份；b. 青草10份、羊粪5份、人粪2份；c. 青草10份、牛粪8份、人粪1份；d. 青草10份、牛粪2份、猪粪7份、人粪1份；上述a.～d. 各加相当于堆肥总量1％的生石灰；e. 青草10份、牛粪10份、每100千克青草加生石灰3.0千克。

堆制时，按一层青草、一层生石灰、一层粪肥的顺序依次堆入池边的发酵池，边堆放边踏实，堆完后加入适量的水，再盖上塘泥密封。发酵时间长短依温度高低而定。一般气温20～30℃时，堆制25天左右即可。腐熟的堆肥呈黑褐色。施肥时，把堆肥用池水反复冲洗，滤去残渣，将洗出的肥水均匀泼洒全池。每亩可施用150～200千克。

(3) 大缸发酵粪肥法　选用容量为250～500千克的大缸，然后将牛粪（或马、猪粪）50％、鸡粪30％、水20％，充分搅匀后用塑料布封口进行发酵。气温在20℃左右时,通常只用一天一夜就可发酵好。在使用时,开封再次搅匀,用20目的筛绢网过滤粪水,施时与化肥混合泼洒。化肥5千克/亩,用水溶化后与250千克/亩粪水混合均匀后共同泼洒,每隔3天泼洒一次。几天后,水呈黄绿色或褐绿色。水质清爽肥嫩,可测得轮虫数量在10000个/升以上。

(4)无机肥料法 养鱼常用的化肥主要有氮肥、磷肥、钾肥、钙肥等几种。无机肥料养分含量高,肥效快,但是成分单一,肥效持续时间较短,所以,一般都作为追肥使用。若使用无机肥料做基肥,每亩可施氮肥0.2~0.4千克、磷肥0.2~0.4千克、钾肥0.1~0.2千克。溶解后全池泼洒即可。

4. 水质的处理

从注水到放苗这段时间,正值蛙类繁殖盛期,特别是施过肥的鱼塘,要加强防、管。每天早晚把浮在水面上的蛙卵或刚孵出的蝌蚪捞出。可用精制敌百虫粉以0.3~0.5克/米^{3}浓度杀死水蜈蚣(龙虱的幼虫),以保证鱼苗下塘后的安全。

如在施肥后轮虫生长还未达高峰,而小型的枝角类已出现并逐渐增多,会大量地吃掉水中的细菌、浮游植物和有机碎屑,抑制了轮虫的生长,使鱼苗下塘后得不到适口的饵料。或者由于施肥过早,池中轮虫已达到高峰而没有鱼苗下塘时,都可以用0.3~0.5克/米^{3}的精制敌百虫粉杀灭枝角类并适当施肥,这样既可防止枝角类大量繁殖又可延长轮虫高峰期。有些地方在鱼苗下塘前用春片鳙鱼种300~400尾/亩作为"食水鱼"放入鱼苗培育池,目的也是利用鳙鱼种吃掉枝角类,在鱼苗下塘前再把鳙鱼种捕出。鳙鱼种除了可作"食水鱼"外,还可测定水体的肥度。若每天黎明鳙鱼种开始浮头,太阳出来后不久鱼群便散去并恢复正常,说明池水肥度中;若浮头时间过长,则说明水质过肥;若不浮头或极少浮头,则表示肥力不足。

捕出鳙鱼种后,在水中投放"试水鱼"——鱼苗。这是为了检查清塘药物的药效是否确已消失,以确保下塘鱼苗的安全。将十几尾鱼苗放入池塘的网箱中半天或一天，观察其活动是否正常。若鱼苗活动无异常现象则说明药效确已消失，可以放养鱼苗。

二、鱼苗的放养

1. 鱼苗下塘时的注意事项

（1）适时下塘　即在鱼苗孵出后 3~4 天，鳔已充气（"腰点"出齐），能够正常游泳和摄食时立即下塘。过早下塘，鱼苗的活动能力和摄食能力差，会沉于水底而死亡；下塘过晚，卵黄囊已吸收完，会因缺乏营养而消瘦，体质弱，成活率下降。

（2）拉空网　在放养前一天，用密眼网拉 1~2 遍，清除塘中新滋生的有害昆虫、蛙卵、野杂鱼等，减少对鱼苗的危害。

（3）调节温差　从外地或外单位购买的鱼苗经过运输，盛鱼容器水温与塘水温有一定的差别，必须调节两者温差在 3℃ 之内后，方可将鱼苗放入塘中。鱼苗下塘最好在晴天上午 9 时至 10 时，此时池中溶氧量已上升，温度变化较小，鱼苗易适应环境。

（4）饱食下塘　下塘前先将鱼苗放入鱼苗网箱（如无网箱，也可用缸或篓）中，待鱼苗恢复正常后，泼洒蛋黄水投喂。蛋黄要煮透，然后将蛋黄包在细纱布里，在盛水的碗中揉搓，使蛋黄充分溶于水中。投喂时要少量多次，慢而均匀地泼洒。用量一般是每 20 万~30 万尾喂一个蛋黄。泼洒 10~20 分钟后，鱼苗饱餐以后再下塘。

（5）在上风头放苗　鱼苗活动能力差，有风天应注意在上风头放苗，以免被风吹到池边碰伤或挤死。放苗时应将容器贴住池水面，缓慢倾斜，使容器内的水与池水混合，将鱼苗缓缓放入池中。

（6）同一池塘放同批鱼苗　不同批次鱼苗个体大小和强弱不同，游泳和摄食能力也不同。若放不同批次的鱼苗，则会造成出塘规格不整齐，成活率低。

2. 放养密度

根据鱼池的条件、饲料数量、放养时和计划培养鱼种规格来确定（表3-1）。

表3-1 育苗放养密度表　　　　单位：万尾/亩

培育方法	地区	鲢、鳙	鲤、鲫、鲂、鳊	青鱼、草鱼	鲮
鱼苗直接培育成夏花	长江以南	10～12	15～20	8～10	20～25
	长江以北	8～10	12～15	6～8	15～20
鱼苗培育成乌仔，再分塘培育成夏花		20～25	25～30	15～20	30～35

三、鱼苗的培育方法

几种常见鱼类的鱼苗全长2厘米以前，都是主食轮虫和枝角类。因此，培育方法主要是施豆浆和有机肥。体长在2厘米以后，食性已有分化。饲养方法也要有所区别，如鲢、鳙仍是施肥培育，而青鱼、草鱼、鲤后期则要适当增投人工饵料，因为单靠施肥培养的大型浮游生物已不能满足鱼苗摄食需要。

各地自然条件不一，鱼苗培育方法也各不相同。按照施肥种类的不同，鱼苗培育方法有以下几种。

1. 有机肥培育法

该法是在鱼苗池中施绿肥、粪肥等有机肥培育天然饵料供鱼苗摄食，并适当投喂人工饲料。池水的肥度是否适中，可根据鱼苗浮头情况来判断，若鱼苗下池后3～4天发现清晨浮头，日出后停止，即表明肥度适中，若上午8时后仍浮头，则说明水质过肥。有机肥培育法包括下面几种。

（1）大草培育法　将枝叶柔嫩易腐烂的无毒植物堆放在池边浅水处，使其腐烂分解，每隔1～2天翻动一次草堆，促使养分向池中央扩散。7～10天后将不易腐烂的残渣捞出。

培育鲢、鳙鱼苗的池塘，水质要求肥些，施用大草的量较多些。一般每亩每3～4天施200～250千克，依水质肥瘦灵活掌握。整个育苗期的投草量，每亩约1300千克。如发现鱼苗生长较差，每亩池塘每天增投花生仁粕1.5～2.5千克，饲养15天左右出塘规格为3厘米左右。

饲养草鱼苗,水肥度可稍小一点,施用大草的量也比鲢、鳙少些。一般每3天每亩施150~200千克,从下池第3天起每亩增投花生仁粕、米糠等1.5~2.5千克。全长2厘米左右,每天每万尾喂3千克左右浮萍。饲养15~20天规格达3~5厘米后,即可出塘。

培育鲮苗,投放大草和精料的数量大致与草鱼相同。一般习惯养满一个月出塘,称为"足月鲮"。

(2)粪肥培育法　人畜粪肥饲养鱼苗时,要经过充分发酵腐熟,滤去肥渣后使用。避免生鲜粪直接施入池塘。

鱼苗下塘后应每天施肥一次,正常情况下施肥量为每亩50~100千克,将粪肥掺水向池中均匀泼洒。培育期间施肥量也必须视水质、天气和鱼苗浮头情况灵活掌握。培育鲢、鳙鱼苗的池塘,水色以褐绿和油绿为好。草鱼苗培育池,水色以茶褐色为好。如水色过浓或鱼苗浮头时间过长,应适当减少施肥并及时注水,阴雨天一般不施肥。鱼苗长至2厘米左右时,则需每天上午、下午增投精料0.5~1千克,随着鱼苗长大,精料的用量也逐渐增加直至夏花出塘。

(3)混合堆肥培育法　为了提高繁殖天然饵料和饲养鱼苗的效果,可以将几种有机肥料(绿肥和粪肥)混合堆沤经发酵腐熟后使用。肥料的种类和用量可根据就地取材的原则。实践证明:以下几种肥料配比效果较好。①青草4份、羊粪2份、人粪1份;②青草8份、羊粪8份、人粪1份;③青草1份、牛粪1份。以上三种均加1%的生石灰。

堆肥制作方法:在池边挖好肥料发酵坑,将青草和粪肥层层相间堆入坑内。用占肥料总量1%的生石灰加水制成石灰乳,泼洒在每层青草上;以促进青草发酵腐熟。堆好后,加水至浸没全部肥料,然后用塘泥封闭,让其分解腐熟。在气温20~30℃时,10~20天即可使用。

鱼苗下塘后,每天施肥两次,施肥量视水色、天气和鱼的生长情况而定,一般每天每亩施堆肥液60～100千克。鱼苗长大后,若天然饵料不足可增投人工饵料。

2. 豆浆培育法

豆浆作肥料培育鱼苗,既可直接供鱼苗摄食,又可肥水以培育天然饵料生物,间接成为鱼苗的饵料,夏花出塘时体质强壮,成活率高。由于绝大部分豆浆不能直接作为饵料食用,而是作为肥料起肥水作用,饲养成本较高。

水温25℃左右,黄豆浸泡5～7小时即可磨浆,磨好后滤去豆渣,将豆浆煮熟后投喂。泼洒豆浆时采取少量多次的方法,而且池面每个角落都要泼到,以保证鱼苗吃食均匀。鱼苗下塘后,开始时,每天每亩投喂3～4千克黄豆磨成的豆浆,1周后增至5～6千克。10～14天后,鱼苗长至1.5厘米左右,池中的饵料已不能满足鱼苗的摄食需要,所以,除了继续泼洒豆浆外,还须增投豆饼糊等饵料。每天每亩干豆饼的投喂量约为2千克,随鱼苗的生长酌量增加。草鱼鱼苗长至2厘米以上时,可增投芜萍,每天每万尾5～10千克。

3. 有机肥和豆浆混合培育法

目前,大多数地方都采用该法。其优点是:节省精饲料,充分利用池塘培育天然饵料,利用追肥保持池塘内的生物量,从而保证鱼的摄食量,提高鱼苗的生长速度和成活率。

培育方法:鱼苗下塘前5～7天,每亩施有机肥250～300千克,培育鱼苗的适口天然饵料——轮虫和小型枝角类。鱼苗下塘后,每天每亩泼洒2～3千克黄豆豆浆,以辅助天然饵料之不足和稳定水质。以后每隔3～5天追施有机肥一次,用量为100～150千克/亩,保持水的透明度在25～30厘米,鱼苗在晴天早晨轻度浮头为宜。下塘10天后,鱼体长大需增投豆饼糊或其它精饲料2千克/亩左右,豆浆的泼洒量也应相应增加。

除以上几种常用的培育方法外,还有有机肥料和无机肥料混合培育法、无机肥培育法、草浆培育法等。

四、日常管理

1. 分期注水

分期注水是日常管理工作的重要环节。在鱼苗放养初期水温不高,为了提高水质肥度和温度,应将水深保持在50~70厘米,施足基肥。随着鱼体的增长和投饵、施肥的增加,应逐渐注入适量新水,这对于调节水质、促进饵料生物的繁殖和鱼类生长、提高施肥效果等方面都有明显的作用。

分期注水是鱼苗下塘时水深50~70厘米,以后每隔3~5天加水一次,每次注水10~15厘米。注水口应用密布网过滤,严防野杂鱼及有害生物进入鱼池。水应平直地流入池中央,切勿在水池中形成漩涡,并应避免水流冲坏池埂或冲起池底淤泥,搅浑水质。一般鱼苗培育期间加水3~4次。待夏花出塘时水深应保持在1.0~1.2米为宜。

2. 巡塘

鱼苗下塘后,每天早中晚应3次巡塘,认真观察池塘水质及鱼的活动情况,定期检查鱼苗的摄食、生长、病虫害情况,发现问题,及时处理。

(1) 浮头情况 早晨鱼苗成群浮头,受惊后就下沉,稍停一会儿又浮上来,日出后即停止,这种情况属于轻微浮头,是正常现象,说明池水肥度适中。若上午8时至9时后仍浮头,受惊动仍不下沉,则表明池水过肥,缺氧严重,应立即注入新水,直至浮头停止,并且要适当减少当天的投饵量,不应再施肥。

(2) 发病情况 巡塘时发现鱼苗活动反常,应立即捕起,查明原因,采取防治措施。

(3) 吃食情况 傍晚时投喂的饵料已吃光,次日可酌情增加投食量;若傍晚时剩余较多,则第二天酌情减少。

(4) 观察水色 池水呈绿色、黄绿色、褐色时都是好水。水透明度在 25～30 厘米为宜。

（5）保持水池清洁　检查池中是否有死鱼、蛙卵、蝌蚪和杂物，若有应及时捞出。清除池中及岸边的杂草，保持鱼池的环境卫生，有利于鱼苗的生长。

3. 做好"塘卡"记录

每天巡塘和饲养情况应建立"塘卡"，按时测定及记录水温、溶氧、天气变化、施肥、投饲数量、注水和鱼的活动情况等等，以便总结经验，不断提高培育鱼苗的技术水平。

五、拉网锻炼和出塘

1. 拉网锻炼

鱼苗经过十几天的培育、体积增大了几十倍，须分塘饲养或出售。在出塘前一定要进行拉网锻炼，其目的是增强鱼种的体质。拉网使鱼受惊，增加运动量，分泌大量黏液，排出粪便，能使鱼的鳞片紧密，肌肉结实，在运输过程中能适应密集的环境，提高出塘和运输的成活率，并且能估计鱼苗总数。

一般在出塘前要进行 2～3 次拉网锻炼。要选择晴天上午不浮头时进行。拉网前不要投饲和施肥，将塘中的水草和青苔清除干净，有风时要从池塘的下风头下网。拉网要缓慢，操作要细心，不可使鱼体粘在网上。具体的操作方法是：第一次拉网将鱼苗围集网中，提起网使鱼在半离水状态密集 10～20 秒后放回原池。若鱼苗活动正常，天气晴朗，隔一天拉第二网，将鱼种围集后，将网搭入网箱并轻轻划水，使鱼顶水自动进入网箱内，立即将网箱在塘中徐徐推动至适当地点，在水较清且较深处用竹竿插住不使其自由漂动，让鱼在网箱中密集 2 小时左右。在密集条件下观察鱼的活动情况，若能顺着一个方向在箱中成群游动，则说明鱼苗质量好；若散乱地在网箱中游动则说明鱼苗质量差。鱼进箱后，每 10 分钟必须清洗网一次，以免黏液、粪便堵塞网孔。密集后即可分塘或出售；

如需长途运输,还得放回原地,隔天拉第三次网进行密集,一昼夜后,鱼苗已锻炼得老练结实,可耐长途运输。

2. 夏花的分塘与计数方法

夏花用竹篾编成的大小、规格不同的鱼筛分塘。分塘时,先将夏花集中拦在网箱的一端,用鱼筛舀鱼并不停地摇动,使小鱼迅速游出鱼筛,将不同规格的鱼分开。

夏花的计数一般采用传统的量杯计数方法。准确率可达90%左右。计数时,把部分夏花集中于小网箱的一端,用小抄网随意舀起鱼苗倒入小量杯中,计数小杯中的鱼数,可计数2~3杯,取其平均值。然后用小杯舀鱼倒入大杯中,直到大杯满为止,记下小杯数,小杯盛鱼数×杯数=大杯盛鱼数,计算出一大杯盛的夏花数。最后用大杯量取夏花,就可计数出夏花总数。

第二节 鱼种培育

鱼苗养成夏花后,可以按适当的密度及合理的种类搭配,进一步饲养成大规格鱼种,再投放入池塘、网箱或大水面中养成食用鱼。

鱼种的培育原来大部分是在池塘中,但由于我国内陆水域面积很大,如果都开展粗放养殖和部分精养,所需鱼种的数量是相当大的,而我国人多地少,土地资源日趋紧张,这些鱼种仅靠池塘培育是无法满足需要的,所以,除用池塘培育鱼种外,还有许多新型的培育方法,其中稻田培育、库湾培育、湖汊培育是最常用的。这里仅介绍池塘培育鱼种。

一、夏花放养前的准备工作

1. 鱼种池的选择

条件与鱼苗池相似,只是面积大些,以4~6亩为宜,水深1.5~2米。

2. 鱼池清整和消毒

也与鱼苗池相同。使用原来的鱼苗池培育鱼种,待夏花出塘后,也必须用药物清塘。

3. 施基肥

用以培养枝角类、桡足类等浮游生物,实行肥水下塘,夏花一下塘就能获得充足的天然饵料。因鱼种的摄食量增大,鱼池的水体增加,基肥的施用量也应增大。一般每亩可施腐熟的粪肥500~800千克,也可加少量的氮、磷等无机肥料。

上述准备工作应在夏花放养前10天完成。

二、夏花的放养

1. 放养密度

依据计划养成鱼种的规格而定。如鱼种运销外地,则出塘规格宜小些,放养密度可大些;如就近放养,则出塘规格要求大些,放养密度小些。此外,放养密度还根据鱼的种类、池塘条件、肥料和饲料的数量与质量、池塘环境条件及技术管理水平等方面的条件来确定。同样的出塘规格,鲢、鳙的放养量可较草鱼、青鱼大些,鲢可较鳙大些。条件好,放养密度大些;条件差,放养密度就应小些。主养鱼放养密度的确定参考表3-2、表3-3。

表3-2 主养鱼放养密度与出塘规格　　　　单位:尾/亩

预计出塘规格	青鱼	草鱼	鲢	鳙	团头鲂
6~8厘米		20000以上	20000~25000	20000~22200	15000~20000
8~10厘米		12000~20000	15000~20000	15000~18000	10000~15000
10~12厘米	10000左右	8000~10000	10000~15000	10000~12000	5000~10000
12~13.5厘米	6000~7000	7000~8000	8000~10000	8000~10000	4000~5000
13.5~15厘米		6000~7000	6000~8000	6000~8000	
15~16厘米		5000~6000	5000~6000	5000左右	
50克左右		4000~5000	4000~5000	4000~5000	
80克左右		2000~3000	3000~4000	3000~4000	
100~150克	2000左右	2000左右	3000以下	2000左右	

表3-3 以夏花鲤为主的放养收获一览表（北京郊区）

鱼种	放养			成活率/%	收获		
	规格/厘米	尾	质量/千克		规格/克	尾	质量/千克
鲤	4.5	10000	10	88.2	100	8820	882
鲢	3.5	200	0.15	95.0	500	190	95
鳙	3.5	50	0.15	95.0	500	48	24
总计	—	10250	10.30	—	—	9058	1001

资料来源：摘自王武主编《鱼类增养殖学》。

2. 放养方式

鱼苗养成夏花后，各种鱼类的食性和栖息水层已明显不同，为了充分利用池塘中的天然饵料和有效利用水体，夏花一般都采用混养方式。一般认为2～3种混养较好，因为在这个阶段，有一些不同品种的鱼，其食性尚有一定的共性。但混养品种不宜过多，以免造成争食，妨碍鱼的生长。混养时要选择食性不一致、能互利共存的品种进行合理搭配，食性和习性上有矛盾的鱼不要混养，如草鱼和青鱼、鲢和鳙等。鲢和鳙之间，鲢抢食能力强，一般只在主养鲢的塘中少量混养鳙，而以鳙为主的池塘不混养鲢。

以下介绍几种常用的混养方式：

（1）以鲢为主的池塘　鲢60%～70%，草鱼或鲤20%～25%，鳙10%～15%。

（2）以鳙为主的池塘　鳙60%～70%，其余搭配草鱼或鲤。

（3）以草鱼为主的池塘　草鱼60%左右，鲤10%左右，其余搭配鲢或鳙。

（4）以鲤为主的池塘　鲤60%左右，草鱼10%左右，其余搭配鲢。

夏花放养时，同池同类鱼种规格要一致，混养的各种鱼应在1～2天内放足放齐，不能拖太长时间。

3. 鱼种饲养方法

鱼种的培育方法依鱼的种类、放养密度、饵料肥料供应情况等的不同而不同,主要有投饵为主饲养法和施肥为主饲养法两类。

(1) 投饵为主饲养法

① 饲料的种类

a. 精饲料(又称商品饲料)。豆饼、花生仁饼、菜籽饼、米糠、麸皮、麦类、玉米、酒糟、豆渣等,各种养殖鱼类均喜摄食。

b. 青饲料。芜萍、小浮萍、紫萍、满江红、苦草、轮叶黑藻(学名:光果黑藻)等水生植物以及幼嫩的陆生草类等。可作为草鱼、团头鲂、鳊等草食性鱼的饲料。

c. 动物性饲料。螺蛳、河蚌、蚬、蚕蛹等。可作为青鱼的饲料。

d. 配合饲料。多种营养成分配合而制成的颗粒状饲料,比较适合鱼种摄食,饲养效果较好,已在生产中广泛使用。

② 投饵技术 为了养好鱼种,提高投饵效果,降低饲料系数,投饵时一定要遵循"四定"原则。

a. 定位。投饵时必须有固定的位置——饲料台,这样能使鱼集中摄食,避免饲料浪费,便于观察鱼的摄食和生长情况,及时采取相应的技术措施;便于清除残饵和进行食场消毒,保持食场清洁和防治鱼病。

投喂浮性饲料,如青草类,可用毛竹搭成三角形或正方形浮筐的食场,一般为 $10\sim30$ 米^2。投喂沉性饲料,如商品饲料,可在水面下 $30\sim40$ 厘米处用芦席、木板等搭 2 米^2 左右食台。一般每 5000 尾鱼种设食台一个。向青鱼投螺蛳等,也应投放在水底相对固定的位置。

b. 定时。每天投饵时间固定,使鱼养成按时集群吃食的习惯,使吃食时间缩短,减少饲料流失。正常天气每天上午 8 时至 9 时和下午 2 时至 3 时各投饵一次。雷阵雨或闷热天气,可减少投饵量或不投饵料。

c. 定质。投喂的饵料必须干净、新鲜、适口。饲料质量好能使蛋白质的利用率提高,鱼种生长快,不易得病。必要时可在投喂前对饵料消毒,尤其是在鱼易发病季节。

d. 定量。每日投饵应定量。具体投饵量应根据水温、气候变化、水质、鱼的种类及摄食情况、鱼的生长情况和鱼体健康情况来决定。定量投饵能提高鱼类对饵料的消化率，促进生长，减少疾病，降低饵料系数。在鱼生长的适温范围内应多投，过高或过低时应减少投饵量；天气正常时可多投饵，不正常时减少投饵或不投饵；水质较瘦可多投饵，水过肥则少投；投饵后鱼很快吃完则适当增加投饵量，较长时间吃不完，剩饵较多则减少投饵量。傍晚检查时，没有剩饵则说明投料较适宜。

③ 不同鱼类的投饵

a. 草鱼的投饵。在鱼种饲养中，草鱼是最难养的，成活率一般只有 30% 左右。为了提高草鱼种的成活率，应做到以下几点。

在夏花草鱼放养前，池塘中预先培育好充足的饵料——水蚤、芜萍或紫萍。方法是池塘注水后每亩施粪肥 400～500 千克，再放入芜萍或紫萍种，半个月后向池中泼洒粪水和无机肥料水，可使芜萍和紫萍大量繁殖。也可用老池培养芜萍或紫萍，鱼种下塘后。每天每万尾投芜萍 10～15 千克，20 天后，改投紫萍每天每万尾 50～60 千克。鱼种长到 8～10 厘米时可喂水草或嫩草，注意一定要将水草捣烂或嫩草切碎后投喂，以便于小草鱼摄食。在投喂青饲料的同时，也要适当增投精饲料，可以加速鱼种生长，提高产量。现在培育草鱼大都全程采用全价配合饲料。

b. 青鱼的投饵。夏花青鱼在刚下塘时也与草鱼一样能吃水蚤和芜萍，几天后改喂豆饼糊。体长 5 厘米以上时每天每万尾可投喂豆饼糊和浸泡的碎豆饼 2～5 千克；10 厘米以上时，加喂轧碎的螺蛳，每天 35 千克/万尾，以后渐加至 100 千克/万尾。也可以加投一些配合饲料或全程投喂全价配合饲料。

c. 鲢、鳙的投饵。鲢、鳙培育池除培育浮游生物外，还需投喂商品饲料。初期每天每万尾投喂 0.5kg 糊状的饼类、麦粉、玉米粉等，逐渐增加至 3～4 千克。如果池中混有草鱼，则应先投青饲料，使草鱼吃饱，避免同鲢、鳙争食精饲料。

d. 团头鲂或鳊的投饵。下塘初期，要有足够的浮游生物，同时每天每万尾夏花投喂 1 千克豆饼糊，随鱼体长大，投饵量逐渐增加。体长 3.5 厘米以上时可投喂芜萍或紫萍。现在培育中大都全程采用全价配合饲料。

e. 鲤、鲫的投饵。鲤、鲫食量较大，需充分投喂全价配合饲料，每天每万尾投饵 4～6 千克即可。

(2) 施肥为主饲养法

① 粪肥饲养　这种方法适用于放养鱼类以鲢、鳙为主，放养密度较稀且肥源充足的池塘。夏花下塘前施足基肥，下塘以后还要经常追肥以补充池中的营养物质。追肥要掌握少施勤施的原则，一般每 2～3 天施肥一次，每次 100～200 千克/亩。追肥还要掌握"四看"原则。

看季节。初夏时勤施；盛夏时稳施并勤换水，防止水质恶化；秋凉时要重施肥勤加水，促鱼生长；冬季保持一定肥力即可，使鱼安全越冬。

看天气。天气晴朗、大气压高可多施；阴雨天或天气闷热则应停施。

看水色。若上午透明度大，水色清；下午透明度小，水色浓。一天中水色变化明显，则说明水的肥度适中。适合的肥度其透明度在 30 厘米左右，低于 20 厘米或高于 40 厘米则表示水质过肥或过瘦。

看鱼的动态。巡塘时观察鱼的动态，若鱼活动正常，应照常施肥。若食量轻减并有轻微浮头现象，则可暂停施肥并加注新水。若鱼的食量大减并浮头严重，表示水过肥，应停止施肥，注入新水改善水质，促鱼摄食。

② 大草堆肥饲养　是在夏花放养前堆大草沤肥水质，主养鲢、鳙，下塘后每天辅投商品饲料 1～1.5 千克/万尾。在放养后的第一个月，每 10 天投大草 150～200 千克/亩，以后每半个月一次。另外，每天另施粪肥 50 千克，每天投喂精饲料 2.5 千克/万尾，以后随鱼体长大逐渐增加到 7.5 千克。

(3) 草浆饲养法　用水花生（学名：空心莲子草）、水葫芦

(学名：凤眼莲)、水浮莲 (学名：水芋) (简称为"三水") 等水生植物打成草浆饲养鱼种。草浆可供草鱼、鲤、团头鲂等直接摄食，还能供鲢、鳙鱼种直接滤食叶肉细胞。浆汁中的营养成分既可直接作为鲢、鳙鱼种的饲料，又可作为肥料，使水体变肥，促进浮游生物的繁殖，起到间接饲料的作用。日投饵量为每亩50～75千克，分两次投喂，全池泼洒。

(4) 种水稻 (稗草) 淹水饲养法　在鱼池栽种水稻或稗作为绿肥，然后灌水使其逐渐腐烂分解，促进浮游生物的繁殖和底栖动物的生长。

具体做法是在5月初将鱼种池排干水，每亩播种稻种6～8千克或稗种5～6千克。在抽穗后至穗稍变黄期间，灌水1.5米左右将其淹没。然后放入夏花鱼种，每亩5000～7000尾，一般以鲢、鳙为主，混养草鱼、团头鲂、鲤等。培育期不需投饲和施肥，仅在后期投些饲料即可。需要注意的是在灌水初期大量植株开始腐烂分解，容易造成缺氧泛塘，发现池鱼浮头严重时要及时灌水，防止损失。

(5) 栽培光果黑藻培育鱼种　江西上饶市部分县培育草鱼采用的一种有效方法，其优点是简单易行、省料省力，一年栽种多年使用，适合以农为主、以渔为副业的农户培育鱼种。

方法是：在清明以后，水温开始上升之时，先把池水排干，从河中捞取16厘米左右的光果黑藻 (茎过长的可以切成16厘米左右的小段) 均匀地撒入全池，每亩用量30～40千克。待长出幼芽后再逐渐加水过顶。一般到7月中下旬茎叶会布满全池，这时可放草鱼1000～2000尾，鲤300～500尾，半个月后放鲢800～1200尾，鳙200～300尾。放养后要加注一些新水，水面高出光果黑藻10～15厘米。为使草鱼种长得更好，每天下午遍撒菜籽饼粉0.5～1千克/亩。光果黑藻一般可供鱼种吃50～60天，以后为保持鱼种继续生长和不落膘，每天每千尾草鱼可投喂青饲料50千克左右。栽种一年后，光果黑藻可以自然繁殖生长。

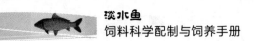

三、日常管理

1. 巡塘

每日巡塘 2～3 次。清晨观察鱼的动态，发现严重浮头及鱼病要及时处理，根据水质与气候变化决定投饵和施肥量。下午检查吃食情况，决定次日的投饵量。

2. 水质管理

鱼种快速生长的 7～8 月份是高温季节，上下层水的温差使水的对流较困难，易引起底层水的缺氧，从而影响鱼类的摄食和生长。因此，在 7～8 月份应勤注新水，排出底层水，改善水质，加速鱼类生长。7 月中旬前每隔 3～5 天加新水一次，每次 10～20 厘米。7 月下旬起根据天气情况和鱼浮头情况决定注水量。必须注意的是加水宜在凌晨进行，排水宜在中午进行。

保持水质"肥活嫩爽"，水质清新，溶解氧 4 毫克/升以上，pH 微碱性，透明度 25～30 厘米，各项水质指标符合养殖用水标准；定期换水，每次换水 20%～30%；及时开增氧机，增氧机的开机原则是：晴天中午开，阴天清晨开，连绵阴雨半夜开；傍晚不开，浮头早开；半夜开机时间长，中午开机时间短；施肥、天气炎热、水面大，开机时间长；不施肥、天气凉爽、水面小，开机时间短。

3. 防病

目前，养鱼生产中不断发生传染性、暴发性鱼病。鱼一旦得病，救治不及时，会造成大批量死亡，损失惨重，甚至会绝收。所以，对于鱼病来说，应是防重于治。在日常管理工作中，巡塘时看鱼的摄食、活动是否正常。应经常刷洗食台，捞除残饵，保持食场的清洁卫生。在鱼病多发季节（7～9月）每隔个半月用 100～300 克漂白粉在食台及其周围挂袋，进行消毒。在寄生虫病高发季节，可用硫酸铜和精制敌百虫粉杀死食场附近的寄生虫。发现鱼病及时治疗，病鱼和死鱼及时捞出，深坑掩埋不可随手乱丢，以防鱼病反复感染蔓延。主养草鱼的池塘，推广注射草鱼出血病疫苗。不喂隔夜、变质饲料，不施未发酵的生粪。

4. 定期筛选

鱼种培育 2 个月左右，若发现生长不匀，要先拉网锻炼 1～2 次，然后用鱼筛将个体大的筛出分塘饲养。留塘的小规格鱼种继续加强培育。

5. 防洪、防逃

夏季雨水多，汛期长，渔场被淹情况时有发生。管理人员应利用空余时间修补堤坝，疏通排水渠道，防止因洪水冲垮或淹没鱼池而发生逃鱼，从而造成经济损失。

6. 做好"塘卡"记录

① 鱼种的来源、品种、规格、数量及放养日期。
② 饲料、肥料的来源、品种、施用量及投喂日期。
③ 每日的天气情况和水温。
④ 鱼病发生的日期、病别、用药种类及效果或其它措施与治疗效果。

四、出塘和并塘越冬

秋末冬初，水温降至 10℃左右，鱼已不大摄食，可将鱼种拉网出塘，按种类和规格分开，作为池塘、湖泊、水库放养之用，称之为冬放。如欲留一部分到次年春季再进行放养，则须将各类鱼种捕捞出塘，按种类、规格分别集中蓄养在深水池塘内越冬。

1. 越冬池条件

越冬池应选择背风向阳、地势较低处池塘，面积 2～4 亩，水

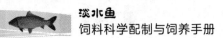

深2.5~3米，池底平坦并有少量淤泥，池埂坚固不渗漏。放鱼前经彻底消毒并培肥水质。

2. 并塘越冬注意事项

① 应在水温10℃左右的晴天进行。温度过高，则鱼种活动能力强，拉网过程中易受伤，水温过低，易冻伤鱼种，造成鳞片下出血，这些都容易引起鱼在来年春季发生水霉病，使成活率降低。

② 拉网前要停食3~5天，拉网、捕鱼、运输等操作要细心，避免鱼体受伤。

③ 每亩放养鱼种以不超过800千克为宜。

3. 越冬池的管理

① 经常观察越冬池的鱼种活动和水质变化情况。天气晴暖时应适当投饵与施肥，南方地区以施有机肥为主，北方以施无机肥为主。投饵一般每周二次，投饵量为鱼体重的0.5%左右。定期测定水中溶氧量，使溶氧保持在5毫克/升左右。发现溶氧下降时，要及时打冰眼注入溶氧较高的新水。

② 及时清除积雪和打冰孔，以增加池水透明度，有利于浮游植物的光合作用并增加水中溶氧。

③ 定期注水，保持池水的正常水深并改善水质。

第三节　商品鱼养殖

池塘养鱼是我国最普及的养鱼方式，其产量约占淡水养殖总产量的3/4，在整个淡水养殖中具有举足轻重的地位。其特点主要是养殖成本低（养殖鱼类构成的食物链短，很少用精料，采用混养密养方式以充分利用饵料和水体）、产量高（通常净产量可达亩产500千克以上）。

我国池塘养鱼已有3000余年的历史，以养殖技术精湛著称于世。1958年，我国渔业科技工作者在总结渔农千百年来养鱼经验的基础上，提出池塘养鱼八字精养法（即"八字养鱼经"）——"水、种、饵、密、混、轮、防、管"，对全国的池塘养鱼生产起到了很大的推动及指导作用。其主要内容是："水"，指养鱼的环境条件，水质必须满足养殖鱼类生活和生长的要求；"种"，是鱼种，要求质优、体健、量足、规格合适；"饵"，是饲料，要求营养全面、适口性好、量充足；"密"，是放养密度，要高而合理，以提高群体的产量；"混"，是指混养，即不同种类、不同年龄、不同规格的鱼同塘饲养，以充分利用水体空间和饲料资源；"轮"，是指轮捕轮放，可使整个养殖过程始终保持较合理的池塘载鱼量，以提高鱼产量；"防"，是指鱼病防治，减少病害带来的损失；"管"，是指精心而科学的饲养管理，保证鱼类正常生长。其中，水、种、饵是养鱼的物质基础，是养殖鱼类生长必须具备的条件，密、混、轮是养鱼的技术措施，防、管是协调物质基础和技术措施的手段，以降低生产成本，减少经济损失，实现稳产高产。下面，我们以"八字精养法"为主线谈谈池塘商品鱼养殖。

一、池塘基本要求和池塘建造

1. 池塘基本要求

池塘养鱼要实现稳产高产，池塘及池水就必须符合养鱼的基本要求。

（1）位置　应选择水源充足、水质良好、交通方便的地方建造精养鱼池，这样，既有利于改善池塘水质，也方便鱼种、饲料、肥料及商品鱼的运输。

（2）水质　要改善池塘养鱼水质，最好的办法就是经常冲水。引水水源以无污染的河水、湖水最好，这种水溶氧量高、水质较肥、温度适宜，适合鱼类生活和生长，而井水、泉水等地下水源则次之，这种水溶氧量低，水温低，通常需要经过较长处理流程或在蓄水池中晾晒后才可用于养鱼。高产鱼池水质要求能保持溶氧3～

5毫克/升，pH值7～8.5，总硬度为89～142毫克/升（以$CaCO_3$计），氮磷比在20左右，总氮6～8毫克/升，化学需氧量应在30毫克/升以下，氨氮应低于0.1毫克/升，不允许硫化氢存在。

（3）水色　看水色养鱼，根据水色确定养鱼水质是我国传统养鱼的主要技术之一。事实上，水色既是水中浮游生物种类和数量的反映，又能间接反映水的物理性质和化学性质。但要定量地阐述水色与水质的关系，是一件很不容易的事，所以，看水色养鱼多是凭经验而为，我国渔农常用"肥、活、嫩、爽"4个字作为养鱼好水的标准。具体说来，肥是指水中浮游生物较多，其生物量应在20～100毫克/升；活是指水色和透明度有变化，浮游生物种类组成较好，可为滤食性鱼类提供优质的天然饵料，如早红晚绿即表明水体中鞭毛藻类过半数，它们的趋光性和变色能力使水体呈现色泽变化；嫩是指浮游植物处于增长期，不"老"，且蓝藻数量不多；爽是指水质清爽，浮游生物和悬浮有机物以外的悬浮物不多，透明度在25～40厘米。

（4）面积　池塘面积过小，虽然管理容易，也能取得高产，但水环境不够稳定，且占用堤埂多，相对缩小了水面积；但池塘面积过大，则管理困难，不易操作，且风浪大，易冲坏池埂。根据目前的饲养管理经验，一般认为10亩左右的面积较合适。

（5）水深　饲养商品鱼的池塘应有一定的水深和蓄水量，才能增加放养量，提高产量。同时，池水深，水温波动小，水质稳定，对鱼生长有利，渔谚"一寸水，一寸鱼"说的就是这个道理。但养鱼水体过深，池底容易缺氧，沉积的有机物得不到彻底氧化分解，常产生有毒物质和有机酸类，影响鱼类的生活和生长。实践证明，高产鱼池水深应保持在2.0～2.5米。

（6）土质　根据养鱼经验，池塘土质以壤土最好，黏土次之，沙土最差，但经过1～2年的养鱼后，池底会形成一层淤泥，覆盖了原来的池底，因而池塘土质对养鱼的影响也就让淤泥给替代了。淤泥中含有大量的有机物，适量的淤泥（10～15厘米深）对补充水中营养物质和保持水质肥沃有很大作用，但淤泥过深也是不利的，因此，养鱼池塘要坚持年年清淤消毒。

（7）池塘形状与周围环境　食用鱼的池塘应以东西走向的长方形为好，这样的池塘池埂遮阴少，水面的日照时间长，有利于浮游生物的生长和水温的提高，同时，夏季的东南风或西南风可使水面掀起较大波动，有利于自然增氧。长方形池塘的长宽比例以掌握在5∶3为好，这样的池塘美观，易拉网操作，冲水时可使池塘水得到最大程度的交换。另外，池塘周围不要有高大的树木和建筑物，以免阻挡阳光和风。

2. 池塘建造

池塘建造包括两个方面的内容：建造新池和改造旧池，但无论怎样，都应使池塘尽量符合上述池塘基本要求，这样，才有可能实现高产稳产。

（1）建造新池

① 选址　首先考虑水源问题，水质要好，水量要足，最好邻近无污染的河流、湖泊或水库等，如果池塘在水库坝下，要设法用虹吸法引水库表层水，如果用地下深井水作水源，应考虑建造配套的蓄水池。其次要考虑土质问题，池塘经1～2年的养鱼后，池底会覆盖一层淤泥，土质对水质的影响就被淤泥替代了。所以，土质的核心问题是保水问题。如果选择的地点地下水位高且较稳定，自然最好；如果选择的地点地下水位低且土质为沙土，保水问题就很重要了。可采用铺设塑料膜的方法保水；在池底及池埂上覆盖一层塑料膜，在塑料膜上压0.5～1.0米的土即可，效果很好，可用10年以上。再次，要考虑饵料供给以及交通、供电等。最后，还要查阅选择地点的气候资料和水文资料，以便在设计施工时予以考虑，做到旱能灌、涝能排。

② 设计　在鱼池设计施工前须征得土地管理、水利等部门的同意。在设计过程中要考虑以下几个方面的问题：一是鱼池面积和水深，较大型的养鱼场单纯地饲养商品鱼效益较低，应考虑设计部分配套的鱼苗池和鱼种池，所以，鱼池面积和水深不应完全一致，

一般鱼苗池占总水面的5%,鱼种池占25%,商品鱼池占70%。二是池向和池堤,池塘要尽量设计成东西走向,长宽比为5∶3。池堤主干道宽8～10米,池间隔堤宽4～5米。池堤坡度比为(1∶1.5)～(1∶2.5),若用石块、混凝土板护坡,坡度可陡些。三是进、排水系统,有条件的尽量实现自流和自排,以降低费用。同时避免甲塘的水流出后进入乙塘,以防疾病随水传播。四是根据具体情况,划出部分土地设计成禽畜场、菜地,以进行综合开发。

③ 施工和验收　鱼池建设工程的施工项目包括开挖池塘、筑堤和建进排水渠道、水闸及泵房等设施,为保证施工质量和定期完工,应事先做好预算,并安排专门工程人员现场管理。池塘工程完工后,要按设计要求进行验收。

(2) 改造旧池　改造旧池一是改造老式养鱼池,二是改造闲置的积水池。无论哪种,都要符合养鱼池塘的基本要求。总的说来,主要是小改大,浅改深,死水改活水,低埂改高埂。

(3) 池塘的清整　池塘经一年的鱼类饲养,池底会沉积大量的淤泥,对来年养鱼不利。因此,要在年终收获后清除部分淤泥肥田,修整池埂,最后施放生石灰清塘消毒(具体参见鱼苗培育一节)。清整好的池塘注入新水,注水时要用密眼网过滤,以防野杂鱼随水入池,不久,药性消失,即可放入鱼种进行饲养。

二、鱼种

1. 饲养种类的选择

四大家鱼(鲢、鳙、草鱼、青鱼)、鲤、鲫是我国传统的养殖鱼类,鲮在珠江三角洲地区养殖范围很广,鲂(团头鲂、三角鲂)、鲷(细鳞斜颌鲷、银鲷)是近20年来开发推广养殖的鱼类,罗非鱼(尼罗罗非鱼、莫桑比克罗非鱼等)引入我国养殖也有几十年的历史了,人们已很熟悉这些鱼的生活习性了,其养殖技术也很成熟,加之它们适合在各种水域饲养,生长快、市场大、风险小,因而成为最普遍的养殖对象。有时,我们称之为常规养殖鱼类。饲养这类鱼也应注意以下两个方面的问题：

一是要因地制宜地选择饲养种类，如湖滨地区，螺蛳、水草资源丰富，应多养草鱼、团头鲂、青鱼，而水质良好的农村池塘，放养草鱼是最理想的选择，青鱼的养殖价值则较低；鲴、鲢、鳙是池塘养鱼中不可少的搭配对象；罗非鱼的体形很似海水鱼且刺少肉佳，在很多地区有很好的销路。

二是要注意品种选择。鲤、鲫现已有不少品种和亚种，通常是建鲤的生长速度快，彭泽鲫、银鲫的生长要较普通鲫快些，罗非鱼中尼罗罗非鱼是最普遍的养殖对象。

目前，大口黑鲈、乌鳢、黄颡鱼、黄鳝、鳗鲡、泥鳅、斑点叉尾鮰、长吻鮠等特种水产品的池塘养殖技术也已十分成熟，有条件的地方，可以根据各自的地方资源优势选择。

2. 鱼种规格

养鱼周期是指饲养鱼类从鱼苗到长成食用鱼所需要的时间。不同地区由于消费习惯不一样，商品鱼上市规格不同，养殖方式的不同，因而养殖周期有较大差异。一般来讲，鲢、鳙、鲤、鲫、鲴、罗非鱼为2年，草鱼、鲂为2~3年，青鱼为3~4年。在整个养殖周期中，最后一年为成鱼饲养。由于养殖周期在不同鱼类不一样，同种鱼类在不同生活环境下，生长速度也不一样，所以，成鱼饲养所需要的鱼种规格也不同。要具体确定某种鱼鱼种的规格，首先要了解该种鱼商品鱼的上市规格，再估计它在成鱼养殖期内的增重倍数，用前者除后者，便获得鱼种规格。

在江浙地区，草鱼、青鱼的上市规格大，在放养上一般要0.5~1.0千克的2龄或3龄鱼种，在池塘饲养条件下，它们在这一阶段生长最快，饲养一年后，青鱼可达2.5~6.0千克，草鱼可达1.5~3.0千克；鲢、鳙放养1龄鱼种，根据饲养期内轮捕的时间和次数，放养250~350克，16~20厘米、10~14厘米等不同规格的鱼种，出塘时可长到0.5~0.75千克；鲤、团头鲂、鲫也都放养1龄鱼种，规格分别为10~14厘米、10~12厘米、3~7厘米，经一年饲养，鲤可长到 0.5 千克左右，团头鲂 150～350 克，鲫 100 克以上。

广东珠江三角洲地区，鱼类生长期长，饲养方法也与江浙地区不同，一般放养 1 龄鱼种。利用鳙生长较快的特点，一年中要养成数批食用鱼，故鳙的鱼种规格要大，一般在 0.5 千克左右，经 40～60 天饲养可长到 1.25～1.5 千克；鲢放养鱼种较小，鱼种规格在 50 克左右，上市规格 0.5～1.0 千克；底层鱼以饲养鲮为主，由于鲮的食用规格较小，所以，放养规格为 20～50 克，经一年或半年饲养，可长到每尾 100～200 克；草鱼鱼种规格多在 250 克左右，出塘时可达 1～1.5 千克；青鱼、鳊、鲤放养量很少，鱼种规格多在 10～15 厘米。

在我国广大的北方地区，鲢、鳙、鲂、鲤、鲫的鱼种规格多在 50～150 克，采用轮捕轮放的鲢、鳙、草鱼的鱼种规格还可加大到 250 克以上。

3. 鱼种来源

鱼种的来源可以是外地购进，也可以是本场自己培育。

自己培育的鱼种无论在质量上还是在数量上都有保证，且避免了异地运输和鱼类因转换水域不适而引起的死亡，故成活率较高且规格也合适，这种方式值得推广。自己培育鱼种鱼池要统筹安排，合理布局，部分小而浅但相对规整的池塘可做鱼种池，一般占鱼池总面积的 20%～30%。

另外，也可在成鱼池中套养部分鱼种作为后备之用。成鱼池套养鱼种是有一定讲究的：对于鲢、鳙，无论套养早繁夏花还是 2 龄小鱼种，都是可行的，因为它们和成鱼一样都以水中浮游生物和有机碎屑为食，而这些饵料在水中分布是比较均匀的，故大小鱼之间竞争不明显，套养容易成功；而对于草鱼、青鱼、团头鲂、鲤、鲫等吃食性鱼类，需要人工集中投喂饵料。在吃食上，小型鱼种竞争力差，往往很难吃饱，常处于饥饿状态，严重影响生长，故只能套养个体大、竞争力强的 2 龄鱼种。如果要套养这些鱼的夏花鱼种，则需在成鱼池中用网片围拦一小片水面或设浮动式网箱,在其中放养夏花鱼种,进行强化培育,以促进生长,提高规格。一段时间后,达30～40克/尾,撤去网片或网箱进行池塘套养。这两种方法被称为成鱼池围栏套养鱼种和成鱼池网箱套养鱼种。

对于初学养鱼或由于其它原因不能自己培育鱼种的,就得设法购入鱼种,在这种情况下,要注意以下几个方面的问题。

① 提前与出售鱼种的厂家联系,说明求购鱼种的种类、数量、规格,并谈妥价格,且不可临放鱼种前再四处购买,那样往往不能如愿而耽误当年的养鱼生产。

② 要注意鱼种的数量和质量,目前,有少数厂家只顾眼前利益,提供鱼种以次充好、以少称多,给养鱼户带来一定经济损失。抽样点数是防止厂家以少称多的好办法。

③ 鱼种运输时要注意:短距离可用敞口帆布篓或其它敞口容器,中途可换去部分陈水,补充新水,距离较长的,可用密封尼龙袋充氧运输,另外,也可让售鱼种的厂家代运。但无论如何,外购鱼种给养鱼者带来不小的麻烦,初学养鱼的人,可在养成鱼的同时,摸索培育鱼种、鱼苗的经验,以形成配套生产。

4. 鱼种放养时间

提早放养鱼种是获得高产的措施之一。长江流域一般在春节前后放养;东北和华北地区则在早春池水解冻后,水温稳定在5～6℃时放养。在水温低时放养,鱼的活动力弱,易捕捞,且鱼体受伤少,有利于提高放养成活率,同时,提早放养也可使鱼种早开食,延长了生长期。

放养鱼种要选择一个天气晴朗,相对温暖的日子,以免鱼种在捕捞和运输过程中受伤。

5. 鱼种放养注意事项

① 对于有伤、有寄生虫的鱼种,要进行药物浸泡后再入池。

② 入池时,最好能计数,以便统计成活率,为以后的放养积

累经验。

③ 注意水温差不要超过3℃，即用手试水没有显著差异。

④ 放养前鱼池务必清整好。

三、混养

在池塘中进行多种鱼类、多种规格的鱼种混养是我国池塘养鱼的重要特色之一，它能充分发挥水体和鱼种的生产潜力，合理经济地利用水体空间和饲料以提高鱼产量，降低生产成本。在我国养鱼高产区，往往有7～10种鱼混养在同一池中，有时同种鱼又有2～3种不同规格或年龄的混养在一起。

1. 混养的原则

要求混养的鱼类食性尽可能不同，而对水温、水质的要求要相近。混养鱼类之间能够和平共处，不相互残杀，最好能互惠互利。

不同种类、不同年龄、不同规格的鱼混养在同一池塘中，不能毫无规则地乱放，要根据具体情况确定一种混养类型。一种混养类型中，以一种或两种鱼为主，在放养和收获时都应占有较大比例，是池塘饲养管理的主要对象，另外几种鱼被称为配养鱼，种类较多，它们可以充分利用主养鱼的残饵以及水中天然饵料很好地生长。如适当加大对配养鱼的投饵量，配养鱼的总产量也会有很大提高，有时超过主养鱼的产量。因此，在饲养过程中也不可忽视混养管理。

2. 混养的目的

（1）合理利用饵料和水体　池塘中的天然饵料是各式各样的，有浮游生物、悬浮于水中的有机颗粒、沉入水底的有机质、附着藻类、螺类、底泥中的摇蚊幼虫等。在池塘中混养食性不同的鱼类，就能充分利用饵料，降低生产成本；对于人工投喂的粮食类饲料，虽然鱼类大都喜食，但由于池塘中的鱼体大小不一，抢食能力不同，各种鱼对粮食类饲料的嗜好程度不同，多种鱼在一起抢食，就会将其充分利用,不至浪费。另外,由于各种鱼的栖息水层不同,混在一起饲养,也不至于由于密度较大而拥挤,限制觅食生长。

(2) 发挥养殖鱼类之间互惠互利的作用　草鱼喜食草且吃食量大,但消化能力差,大量未被消化的植物茎叶细胞(占摄食草量的60%～70%)形成粪便排入水中,肥水作用极强,而草鱼本身喜欢瘦的水,这就形成了矛盾,如果池塘中配养鲢、鳙,由于它们能滤食池水中悬浮的有机碎屑和浮游生物,从而降低池水肥度,对草鱼生长甚为有利。鳊、团头鲂、青鱼和草鱼的情况相近,而鲮、鲴、鲮主吃腐屑及底泥表面着生的藻类(主要是硅藻),常能将混杂于泥土中的腐败有机物连泥吃下,加以利用。因此,在池塘中配养非常必要,特别是以草鱼为主体鱼的池塘,它可利用池塘中的腐烂草屑,保持水质清新,有利于草鱼生长。鲤、鲫可清除池塘中的残饵、水生昆虫以及底栖动物,提高饵料的利用率,改善池塘卫生条件,有利于各种鱼类的生长。所以,我们在进行鱼类混养时,要充分考虑每一种鱼类的习性、食性,使之尽可能互惠互利。

(3) 可获得食用鱼和鱼种双丰收　池塘混养的一个重要内容就是在食用鱼池中套养部分鱼种,这样,既不影响食用鱼生长,又为食用鱼提供了后备军,避免了食用鱼出塘后鱼池闲置的局面,这也是培育鱼种的一种方法。

3. 混养应注意的几个关系

同一池塘中混养多种鱼类,肯定会有相矛盾的一面,为了消除消极因素,充分发挥其互惠互利的一面,就要充分了解混养鱼类之间的关系。

(1) 青鱼、草鱼、鲤、团头鲂和鲢、鳙之间的关系　青鱼、草鱼、鲤、团头鲂是吃食性鱼类,鲢、鳙为滤食性鱼类,这两类鱼在同一池塘中饲养,能发挥互惠互利的作用,这在前面已述及,这里要谈的是它们之间的比例问题。根据老渔民的经验,春季放养一尾0.5千克的草鱼,可同时搭配3尾全长13～15厘米的鲢,秋末草鱼重可达2千克,3尾鲢平均重0.5千克,故有"一草带三鲢"的说法。其理论意义是：在不施肥不投喂精料的情况下，吃食性鱼类和滤食性鱼类的生产比例应接近1∶1。也就是说，池塘中每生产1千克吃食性鱼类，其残饲和粪尿的肥水作用加上池塘的天然生产力可生产1千克的鲢、鳙。但实际生产情况是：池塘养鱼要获得高产，就必须不断地投饵施肥，在这种情况下，鲢、鳙的产量就会相对下降，特别是水源条件好、投喂精料多的池塘，鲢、鳙的产量是很难相应地大幅度提高，这一点在鱼种放养上应引起注意。如亩净产500千克的池塘，吃食性鱼类和滤食性鱼类的产量比是5.3∶4.7，而亩净产1000千克的池塘，两者的比例变为6.3∶3.7。

（2）鲢和鳙之间的关系　鲢和鳙都是滤食性鱼类，主食浮游生物和悬浮的有机碎屑。鲢以食浮游植物为主，性情活泼，抢食力强；鳙以食浮游动物为主，性情温和，抢食力差。在池塘这种人工生态环境中，浮游动物的量远远小于浮游植物，因而鳙的食物相对匮乏，加上鳙对人工饵料的抢食力又不及鲢，所以，鳙的生长状况较差，在放养上鳙的数量要小于鲢，通常比例是（1∶3）～（1∶5）。只有这样，鳙才能生长良好。但在实际生产中，要根据具体情况确定鲢、鳙的放养比例，通过数年的摸索，参照鲢、鳙生长情况，不断积累经验，寻找一个适合本地情况又可行的比例。

珠江三角洲的生长季节长，池水较肥，当地渔农利用鳙生长快及捕捞容易的特点，主要饲养鳙，一年可养5批。在鳙生长有保证的前提下，搭配饲养鲢，以充分利用池塘天然饵料和控制藻类（主要是蓝藻）的过度繁殖。采用措施一是小鲢（20～50克/尾）配大鳙（400～500克/尾）；二是控制鲢的放养密度。

（3）草鱼和青鱼之间的关系　草鱼和青鱼的食性并不相近，它们在食性上没有矛盾，但都不耐肥水，尤其是草鱼，更喜欢清新的水质。两种鱼的个体较大，食量大，大量的残饲和粪便使池水很快肥起来，严重抑制了它们的生长，在处理这个矛盾时，通常是前期（8月份以前）抓草鱼，利用此时草类鲜嫩、易消化、数量大的优势，大量投饲，使草鱼及早出塘上市，后期（8月份后）螺类资源较多，可加紧采捕投喂青鱼，青鱼在草鱼出塘后池塘密度较稀的情况下，获得大量优质饲料，也能在生长期结束前达到上市规格。这样，草鱼和青鱼同塘饲养，分期管理，均衡上市，一举两得。

（4）草鱼和团头鲂之间的关系　草鱼和团头鲂都是偏草食性鱼类，它们在食性上存在一定矛盾，团头鲂喜食嫩草，抢食能力和摄食量也不及草鱼，处于劣势，为防止草鱼限制团头鲂摄食生长，在生产上常增大团头鲂的数量以多取胜，使两种鱼都能较好地生长。通常，每放养 1 千克的草鱼种，要搭配 13 厘米左右的团头鲂鱼种 10 尾左右。

（5）青鱼和鲤之间的关系　在主养青鱼的池塘中，鲤的动物性饵料多，所以，可适当多放养些鲤。据无锡市的经验，每放养 1 千克青鱼鱼种可搭养 20 克左右的鲤 2～4 尾，年终可达到上市规格。

（6）草鱼和鲤之间的关系　主养草鱼的池塘中因动物性饵料较少，鲤要少放一些，一般 1 千克草鱼鱼种可配养 50 克左右的鲤鱼种 1 尾。

4. 混养的管理

将多种鱼混养在同一池塘中，目的在于充分利用水体和饵料，降低生产成本，提高鱼产量。所以，只要能够达到这一目的，混养种类还是少些为好，这样，饲养管理相对方便。在混养的鱼类中，要做到主次分明，哪种是主体鱼，哪种是配养鱼，一定要明确。管理上要以主体鱼为重，无论是投饵还是施肥，都要首先考虑主体鱼。

四、密养

成鱼饲养密度多是指鱼池单位面积的鱼重。显而易见，在池塘养鱼中，保持较高的饲养密度是能提高产量的。但是，饲养密度过高，就会引起水质变化而影响鱼类生长速度和成活率，从而影响池塘净产量的增加和养鱼的经济效益，甚至引起鱼类缺氧泛池，给养鱼者造成严重经济损失，因此，要提倡合理密养。

1. 限制饲养密度的因素

(1) 溶氧 池塘中饲养的鱼多,投喂的饵料和排泄的粪便就多,加上鱼本身的呼吸作用,耗氧量大增,往往引起鱼池缺氧,鱼类长期生活在缺氧环境中,表现为厌食、生长缓慢,严重者出现浮头泛池。

(2) 水质 鱼类的饲养密度增加,水中的浮游生物和有机质就多,水体肥度大。而某些养殖鱼类,如草鱼、团头鲂、青鱼等在肥度较大的水体中,摄食量减小,活动力下降且易患病,致使生长缓慢,成活率降低。另外,养殖密度增加也容易导致 pH 值偏低,在这种情况下,鱼类同样生长不良。

(3) 有害物质 池塘养鱼密度大,残饵和粪便等有机物大量出现,它们不可能及时彻底地分解为无机盐类,特别是在缺氧的环境下,很容易产生有机酸类、硫化氢和氨等,这些物质对鱼类有毒害作用,能抑制鱼类生长,甚至导致鱼类中毒死亡。特别是氨,在鱼池中大量存在时,危害较大。

2. 确定放养密度的依据

放养密度常用鱼池单位面积所放鱼种的尾数或质量来表示,一个池塘的具体饲养密度需要根据该池塘的具体情况来确定,通常要考虑以下几个方面的内容。

(1) 池塘条件 较深较大的池塘水质稳定,能在一定程度上提高放养密度;有良好水源,水量充足,水质良好的微流水池可大幅度提高放养密度。

(2) 饲料、肥料的供应情况 有良好的饲料源和肥料源的池塘,由于残饵和代谢物相对较少,同时水质在一定程度上能控制调节,可相对增加放养密度。饲料、肥料供应不足,放养密度大,则鱼生长不良。

(3) 鱼种的种类和规格 不同种类的鱼对低氧和有害物质的耐受力是不一样的。饲养耐受力较强的鱼,如鲤、鲫、罗非鱼等,放养密度可较大，而饲养耐受力较差的草鱼、团头鲂等，放养密度就较小些。另外，不同种类的鱼，其养殖模式、放养规格、生长速度、商品鱼规格也不一样。因此，放养密度也应不相同，较大的鱼（如草鱼、青鱼）比较小的鱼（鲫、鲮等），放养尾数要少而放养个体规格要大；同样，同一种类的鱼，如果放养规格大，就要适当减少放养尾数。

（4）养鱼模式　对于混养种类较多而合理，主体鱼残饵和过多的浮游生物能被利用的养鱼模式，由于水质常保持清新，加上各种鱼栖息水层不同，放养密度要大于单养一种鱼或混养种类少的养鱼模式。

（5）饲养管理水平　养鱼者生产经验丰富、管理水平高、池塘养鱼设备全面配套，水质能及时地控制调节，及时发现问题、解决问题的池塘，鱼种放养密度就可加大。相反，初学养鱼的人要稀放、精养。

3. 确定放养密度的方法

确定池塘放养密度的方法有经验法和计算法，其中经验法应用较普遍，也可两种方法相结合来确定放养密度。

（1）经验法　如果池塘基本条件未变，在确定放养密度时，可参照历年来鱼种的放养密度、生长状况以及商品鱼产量等因素综合考虑。若鱼生长良好，单位产量高，饵料系数不高于一般水平，浮头次数不多，说明放养密度是合适的；若相反，表明放养过密，应适当减少；若商品鱼规格过大，单位产量却不高，则表明放养较稀，应适当增加放养密度。对于新开挖的池塘或池塘基本条件发生了较大的变化，则应请经验丰富的养鱼者，参照条件相近的且产量较理想的池塘养鱼情况来确定放养密度和养鱼模式。

（2）计算法　计算法是根据计划产量、鱼种规格和成活率，预期养成规格及各种鱼的搭配比例等有关数据进行计算，其计算公式如下：

① 单养公式

a. 按净产量计算

$$F=W_0/(D-D_1)n \quad (3-1)$$

式中　F——单位面积放养尾数,尾；

　　　W_0——预期单位面积的净产量,千克；

　　　D——计划养成商品鱼的平均尾重,千克/尾；

　　　D_1——放养鱼种的平均尾重,千克/尾；

　　　n——估计成活率,%。

b. 按毛产量计算

$$F=W/nD \quad (3-2)$$

式中　F——单位面积的放养尾数,尾；

　　　W——预期单位面积的毛产量,千克；

　　　D——计划养成商品鱼的平均尾重,千克/尾；

　　　n——估计成活率,%。

② 混养公式

a. 按净产量计算

$$F=W_0r/(D-D_1)n \quad (3-3)$$

式中　F——该种鱼单位面积的放养尾数,尾；

　　　W_0——预期单位面积的总净产量,千克；

　　　r——该种鱼计划在总净产量中所占比例,%；

　　　D——该种鱼商品鱼的平均尾重,千克/尾；

　　　D_1——该种鱼放养鱼种的平均尾重,千克/尾；

　　　n——该种鱼估计成活率,%。

b. 按毛产量计算

$$F=Wr/nD \quad (3-4)$$

式中　F——该种鱼单位面积的放养尾数,尾；

　　　W——预期单位面积的总毛产量,千克；

　　　r——该种鱼计划在总毛产量中所占比例,%；

　　　D——该种鱼商品鱼的平均尾重,千克/尾；

　　　n——该种鱼的估计成活率,%。

五、轮捕轮放

所谓轮捕轮放,是指在密养的鱼塘中,根据鱼类的生长情况,到一定时间捕出一部分达到商品规格的食用鱼,再适当补放一些鱼种,概括地说就是分期捕大留小或捕大补小。轮捕轮放同混养密放一样,是提高养鱼产量的重要措施,混养密放是从空间上保持鱼池较高而合理的密度,而轮捕轮放是从时间上始终保持鱼池较高而合理的密度,混养密放是轮捕轮放的实施前提,轮捕轮放能进一步发挥混养密放的增产作用。

1. 轮捕轮放的作用

① 能使整个养鱼期内池塘始终保持较合理的密度,有利于提高总产量。如果一年放养一次,年终一次捕捞,就会造成前期因鱼体小,水体得不到充分利用,后期由于鱼体长大,密度增加,使水质变化而抑制鱼类生长的情况。若采用轮捕轮放措施,年初可加大放养密度,提高放养规格,从而在一定程度上避免前期水体的浪费,随着鱼体的长大,可用轮捕的方法将达到商品规格的鱼捕出上市,从而缓解了水体的压力,使水质条件变好,有利于存塘鱼的生长,这样,池塘始终保持在最大载鱼量之下,有利于发挥池塘生产潜力,提高鱼产量。

② 可进一步增加混养种类、规格和数量,提高饵料利用率。利用轮捕控制鱼类密度,以缓和鱼类之间(包括同种异龄)在食性、空间上的矛盾,发挥"水、种、饵"的生产潜力。如鲢、鳙、罗非鱼、白鲫等均摄食浮游生物和悬浮的有机碎屑等,6~8月大量起捕出鲢、鳙后,就可解决它们同罗非鱼、白鲫争食的矛盾,同时也有利于小规格鲢、鳙的生长。再如上半年一般水质较清新,草类鲜嫩,适合草鱼摄食生长;但从7月份开始,对青鱼的投饵量要逐步增加,这样,水体逐渐转肥,不利于草鱼生长,这时将达到食用规格的草鱼捕出上市,就可使水体转清,有利于青鱼的生长,同时,也解决了大草鱼和小草鱼、大草鱼和团头鲂之间争食的矛盾。

③ 有利于培育量多质优的大规格鱼种,为稳产高产奠定基础。适时捕出达到商品规格的食用鱼,可使池塘内套养的鱼种迅速生长,年终培育成大规格鱼种,保证了第二年放养之用。

④ 有利于鲜活鱼均衡上市。特别是鱼货淡季上市,既活跃了市场,又提高了经济效益。

⑤ 有利于加速资金周转,为扩大再生产创造条件。

2. 实施轮捕轮放的前提条件

① 所谓最大载鱼量是指鱼类能较好地生长时,单位面积(通常是每亩)的鱼质量。鱼质量超过最大载鱼量的池塘,鱼类的生长将会受到抑制。池塘的最大载鱼量是由池塘条件、肥料、饵料及饲养管理水平等诸多因素决定的。目前国内静水池塘的最大载鱼量为300~400千克/亩;有注水条件或增氧设备的鱼池,可达到600~800千克/亩。

② 在鱼种放养上,部分鲢、鳙、草鱼鱼种规格要大,这样它们可在短时间内达到商品规格,依次轮捕上市;同时,要有数量充足、规格合适的鱼种作为补充补放进去。当然,也有只捕不放的。

③ 操作人员要技术娴熟,能在短时间内完成捕鱼工作。

④ 鱼能及时售出。

3. 轮捕轮放的方法

(1) 轮捕轮放的对象和时间 凡达到或超过商品鱼标准,符合出塘规格的食用鱼都是轮捕的对象。但在实际生产中,主要轮捕鲢、鳙,到养殖后期也轮捕草鱼、罗非鱼等,而青鱼、鲤、鲫等因是底栖鱼类,捕捞困难,通常要到年底干塘一次性捕净。轮捕轮放的时间多在6~9月,此时水温高,鱼生长快,如果不通过轮捕减小饲养密度,鱼类常因水质恶化和溶氧减少而影响生长。10月以后和6月以前,水温较低,鱼生长慢,个体小,一般不进行轮捕,但如果鱼个体大、市场价格高,也可适当轮捕。确定每次轮捕的具体时间,一是要看鱼类的摄食浮头情况和水质变化情况来判断是否达到池塘最大载鱼量;二是要根据天气预报,选择一个水温相对较低而池水溶氧量较高的日子进行轮捕。通常在下半夜或黎明时进行,以便趁气温低将鱼货供应早市。

(2)轮捕轮放的方法 通常有两种方法:一是一次放足,捕大留小;二是多次放种,捕大补小。前者多是在早春季节一次性将鱼种放足,在饲养过程中,分期分批捕出达到食用规格的鱼上市,让较小的鱼种留池继续饲养,不再补放鱼种,它操作简单,对初级养鱼者较为适用。后者是在鱼类饲养过程中,分批捕出食用规格的鱼上市,同时补放等量的鱼种,这种方法产量较高,但要求有规格合适的鱼种配套供应,具体实施起来困难较多,通常只在养鱼多年的大渔场进行。

(3)轮捕轮放注意事项

① 轮捕的次数不可过多。一个池塘在一个生产季节内轮捕的次数依具体情况而定,但不宜超过 5 次,间隔时间为 25 天以上,轮捕过多过密会影响鱼类生长,引起鱼病,且劳动强度也较大。

② 轮捕持续时间不可过长。在夏季捕鱼又称捕热水鱼,由于鱼耗氧量大,不能忍受较长时间的密集,且捕入网内的鱼大部分是留塘鱼种,要回池继续饲养,如在网内时间过长,很容易受伤或缺氧致死。因此,要求捕鱼人员技术熟练,彼此配合默契,以尽量缩短捕鱼持续时间。

③ 天气不好、水中溶氧低时严禁捕鱼。捕鱼前数天开始要控制施肥投饵量,捕鱼前一天可停止施肥投饵,以保证捕鱼时水质良好,溶氧较高。阴雨天气,鱼有浮头征兆,严禁轮捕。另外也不要在傍晚时拉网捕鱼。

④ 捕鱼后要立即注水或开增氧机。捕捞后,鱼体分泌大量黏液,池水混浊,耗氧量增加,必须立即加注新水或开增氧机,刺激鱼顶水,以冲洗鱼体上过多的黏液,增加溶氧,防止浮头。若白天捕鱼,一般要加水或开增氧机 2 小时左右;若在夜间捕鱼,则要待日出后才能停泵关机。

六、施肥与投饵

饵料是鱼类生长的重要物质基础。采用混养密放的精养鱼池,要使鱼正常生长,单靠池中自然生长的天然食料是远远不够的,还必须人工补给饵料。其来源有二:一是直接向水体中投放的饵料,包括自然饵料、人工饵料和配合饵料;二是通过池塘施肥在池水中培育的天然饵料,主要有浮游植物、浮游动物、附着藻类和各种底栖动物,可以说,施肥就是间接投饵。

1. 池塘施肥

(1) 池塘施肥的作用　施肥可使浮游植物、附着藻类、浮游动物和底栖动物顺利繁殖生长。为鱼类,主要是鲢、鳙、鲴、鲮、鲤、鲫、罗非鱼等提供了较好的摄食条件,使之生长良好。在池塘中施放的各种畜禽粪便,部分还可被鲤、鲫、罗非鱼等摄食,起到直接投饵的作用。各地的实践证明,施用适当的肥料后,鱼产量可相应增加。

施肥虽然对养鱼有利,但施肥不当也会造成鱼池缺氧。由于施入的有机粪肥分解要消耗大量的溶氧(即使已经充分发酵了的堆肥,也仍有大量的有机物要在池中分解),虽然施肥促使了浮游植物和附着藻类的繁殖生长,但它们白天光合作用产生的氧气大部分由于过饱和而逸入空气中,而在夜晚或阴雨天,它们就成了耗氧因子,此时,很容易造成鱼类缺氧浮头。特别是在高密度饲养的池塘中,鱼类及其它各种生物的粪便和代谢产物的量也很大,它们不仅和肥料一样,在分解时需要消耗大量的氧气,而且其本身常包含许多对鱼生活不利的成分,此时施肥,无疑是雪上加霜,因此,掌握正确的池塘施肥方法非常重要。

池塘施用的肥料包括有机肥料和无机肥料两类。

(2) 有机肥料的施用　在池塘中施用的有机肥料主要有绿肥、粪肥、混合堆肥。有机肥料所含的营养成分较为全面,施用效果好,但在池塘中分解较慢,肥效持久,所以也常称迟效肥料,在养鱼中常作基肥使用。

绿肥是指将各种草类、树叶及农作物等经过简易加工或不加工而充作肥料。绿肥在水中易腐烂分解，肥效较高，广东、广西地区常用绿肥来培育鱼苗。绿肥的施用方法是将其堆入一角的浅水中，定期翻动，使分解出的各种营养成分逐渐释放到水体中去，最后不易腐烂的残渣硬梗捞出池外。

粪肥包括人粪尿、畜禽粪便等，它们的氮、磷、钾等元素含量较高，是很好的池塘肥料。其中，人粪尿的肥效较快。这类肥料的另一个特点是分解耗氧量大，所以，除了饲料价值较高的禽粪外，都要经过发酵腐熟后再施入池塘。一般是将粪肥均匀拌入 $1\%\sim 2\%$ 的生石灰后，堆成一堆等待一段时间发酵后再施用。

混合堆肥是绿肥、粪肥按一定的比例堆放沤制而成的，其特点是营养成分全面，肥效高，入池后耗氧量低；但这种肥料沤制过程费工费力，目前应用不是很广。

(3) 无机肥料的施用　无机肥料又称化肥，无机肥料施用后肥效快，故又称速效肥料，常作追肥施用。养鱼生产上施用的无机肥料有氮肥、磷肥和钾肥。

氮肥可促进植物体内叶绿素的形成，增加其光合作用的能力，故施用氮肥可加速浮游植物生长，使水色很快转绿，随后浮游生物开始大量滋生，成为养殖鱼类良好的食物。在精养鱼池中，鱼类的粪尿较多，故很少缺乏氮肥，要少施或不施。常见的氮肥有硫酸铵、碳酸氢铵、硝酸铵、氨水和尿素。

磷也是浮游植物繁殖生长的重要元素，在养鱼池中，它也是常常缺乏的元素，因而常限制浮游植物生长，为此，磷肥的施用就显得特别重要。池塘常用的磷肥有过磷酸钙和重过磷酸钙。

钾肥在池塘养鱼中不经常施用。钾肥主要是硫酸钾和草木灰。

(4) 施肥方法

① 施基肥　新开挖的池塘，池底无淤泥，水体很瘦，为了使水中含有较多的营养物质，以繁殖天然饵料生物，就必须施放基肥。施基肥多在冬季池塘排水清整后进行。这样，池塘注水后就能及早

繁殖天然食物，并使水中悬浮有机颗粒增多，有利于吸收较多的太阳热量，提高水温，相应提早鱼类的生长时间。施肥方法多是将发酵好的有机粪肥遍洒于池底或积水区边缘，经日光暴晒数天，适当矿化分解后，翻动一遍，再晒数天，即可注水，施放基肥应一次施足，施肥量根据池塘肥瘦和肥料种类，每平方米为0.5～1.0千克。

肥水池塘和养鱼多年的池塘，池底淤泥多，一般不施基肥或仅施少量的基肥。

② 施追肥　　追肥在池塘养鱼中是经常施用的，它能连续不断地向水体中补充各种营养盐类，使池中天然饵料生物的生长长盛不衰，同时，施肥和冲水相结合可调控水质，对养鱼十分有利。施追肥应掌握及时、均匀和量少、次多的原则。每次施肥量不可过大，特别是盛夏季节，以防止池水溶氧量急剧下降，影响鱼的生长和生存。通常可根据池水的透明度来确定是否需要施肥和施肥量，透明度在40厘米以上的水为瘦水，应施肥；透明度在20厘米以下的水则过肥，不可施肥；水越瘦，施肥量则越大，总之，使水体透明度保持在25～40厘米为好。

追肥的种类可以是有机粪肥、混合堆肥，也可以是无机化肥。施放有机粪肥要在发酵后施用，以减少入池后的耗氧量，但在夏秋高温季节，由于投饵量大，鱼吃食多，排泄也多，有机物分解快，池水一般都很肥，不可施放有机粪肥，可施放适量的钙肥、磷肥。施放磷肥在池塘养鱼中非常重要，但要特别注意施肥方法，因它在水体中易散失。施磷肥时应选择晴天上午9时至10时进行，施用前应将磷肥溶于水中，均匀泼洒，最好用喷浆机喷匀，每立方米池水施放15克过磷酸钙，施肥当天不冲水，不开增氧机，以免将磷送入底层被底泥吸附。

（5）施肥注意事项

① 对主养草鱼、青鱼或团头鲂的池塘，要尽量少施肥或不施肥，以免导致水体过肥，影响鱼类生长。

② 施肥要避开食场。

③ 阴雨天或天气不正常时不要施肥，因为此时水中溶氧量偏

低,施肥会进一步降低溶氧量,加速鱼类浮头。

④ 水温较低时施肥,肥水作用慢(20℃以上的水温下施有机粪肥,4~5天后肥效才可显现出来),若短时间内肥水效果不理想,不能武断地认为施肥量少而追加肥料,需静静等待一段时间再作决定。

⑤ 泼洒磷肥前最好能测定一下水体的pH值,尽量在pH6.5~7.5时施用,因为此时磷肥散失量最小。

⑥ 施肥要和冲水结合起来,保证水质良好、溶氧丰富,有利于鱼类生长。

2. 投饵

对于饲养草鱼、青鱼、团头鲂、鲤、鲫等吃食性鱼类为主的池塘,必须经常不断地投饵,使鱼能吃到足量、适口、质优的饵料,这样,鱼类才能很好地生长。目前,池塘养鱼中常用的饵料有各种天然饵料、人工饵料和配合饵料,其中,天然饵料特别是草类饵料应用最多。常见的水草有苦草、竹叶眼子菜、菹草、微齿眼子菜、光果黑藻、小茨藻等,这类草在湖区较多,可撑船割取,割水草时常将"T"形草刀伸向水中,拉割,被割断的水草会漂浮到水面上来,用网捞取便可。由于割草时未伤及草根,三五天后又会重新生长出来,常割常新。采集浮萍对养鱼也很重要,特别是草鱼和团头鲂的鱼种,能够经常吃到浮萍,则生长快,规格齐,体健壮,病害少。浮萍中以稀脉浮萍较多,在城郊、村旁的小型静水水体中很多,成片地漂浮在水面上,可用大口网捞取。陆草对养草鱼也有较好的效果,特别是那些处在生长旺期或生长在相对湿润土地上的陆草,但采集陆草应尽量选择嫩一些的草,避免在果园、棉花地等经常使用农药的地方采集。另外,利用塘埂、空闲地种草也是获取养鱼饲料的好办法。目前,常见的渔用栽培草类有黑麦草、苏丹草、大麦草、苜蓿、荻、白车轴草(俗名:白三叶)、小米草、聚合草等,这些草类营养价值高,适口性好,种植方法也简单可行。

(1) 投饵量的确定和分配 池塘养鱼投饵量一般用日投饵量来

表示,日投饲量又根据日投饲率来计算。日投饲率是指每天投喂的饲料质量占塘中鱼体重的比例。不同的鱼类、不同生长发育阶段、不同的饲料种类,日投饲率是不同的。一般年龄越小,日投饲率越高;同一年龄段,吃食性鱼类日投饲率高,杂食性鱼类较草食性鱼类日投饲率高;饲喂动植物性鲜活饵料比配合饲料日投饲率高。如草鱼,苗种阶段,投喂水草或嫩草,日投饲率要达30%~50%,而投喂配合饲料,日投饲率只需4%~6%;进入成鱼养殖阶段,日投饲率一般2%~3%,还要根据天气情况、水质情况和鱼的摄食情况酌情增减。

一年之中的投饵量大致有这样一个规律:冬季和早春水温低,鱼摄食量小,可选择一个无风的晴天,投些精料,每亩水面2~3千克;当水温升至15℃以上时,投饵量要逐渐增加,以草食性鱼类为主的池塘,适当投些嫩草、菜叶等;水温升到25℃以上时,要多投饵料,以草料为主,辅以精料。水温接近30℃时是一年之中鱼摄食量最大的时期,也是投饵量最多的时节。但具体到每一天的投饵量,除遵循上述规律外,还要参照近几天来的投饵量,考虑以下几个方面的问题:一是池塘载鱼量大,投饵量就大;二是水温偏高,投饵量就大;三是水质清爽,溶氧量高,投饵量就大;四是天气晴朗,光照充足,投饵量大;五是鱼吃食旺盛,投下去的饵料很快就吃完,投饵量就大。五个方面中,最后一个是最重要的。总之,在一年的养鱼中,做到"早开食,晚停食,抓中间,带两头",利用投饵等手段,处理好池塘中各种鱼类之间的平衡问题,使之年终捕捞时都达到商品规格。

(2)投饵"四定" 投饵"四定"是我国渔民经过长期实践总结出来的喂鱼方法,对池塘养鱼有很大的指导作用。

定质:即投喂的饵料质量要高。草类饲料要鲜嫩可口,必要时要切碎后投喂;螺类饲料要鲜活,不能死亡变臭;人工饵料要求蛋白质含量较高,营养全面,不能投发霉变质饲料。

定量:指投饵量要相对恒定,不使鱼类饱一顿、饥一顿。定量的意思并不是每日的投饵量都要绝对一样,要根据水温水质、季节天气及鱼的吃食情况灵活掌握,使鱼在整个生长期内吃饱吃好。

定时:指每天选择固定的时间投饵,使鱼形成定时吃食的习惯,这样,可使鱼吃食集中,避免饲料浪费和污染水质。一般情况下,池塘养鱼每日投饵1~2次,如果投一次,则在上午10时以后;如果每日投饵2次,则上午和下午各一次。

定位:指在池塘中选择固定的位置设置食台、食场或草筐,在其中投饵,使鱼形成定点吃食的习惯。草筐用竹竿制成,呈三角形,浮于水面,每塘1~2个,以桩或绳固定于池塘一边,这样便于投草或捞出草渣,发病季节还可在草筐上挂袋消毒。食场用于给青鱼投螺蛳,每塘一个,选在池塘硬底的浅水区。食台用于投喂各种沉性的商品饲料,如豆饼、麦类、配合饲料等,可用粗布附结在金属框架上制成,面积2米^{2}左右,固定在向阳处水下0.5米,每塘1~2个,为了便于观察鱼的吃食情况和清除残食,也可将食台制成活动的,定时取出。

七、池塘鱼病的防治

池塘养鱼密度大、水质差,做好防病治病工作非常重要,一时疏忽,鱼病蔓延开来,导致大面积死亡,会给养鱼者带来重大经济损失。在鱼病的防治中,应以加强管理、积极预防为主,药物治疗为辅。在池塘养鱼中,预防鱼病要注意以下几个方面的问题。

1. 做好池塘清整工作

每年冬季商品鱼上市后,要将池水排干,清除过多的淤泥,修筑池埂,将池底暴露,进行日晒和冰冻,可杀灭病菌和寄生虫等。如果池塘所在地的地下水位高,可在鱼种放养前进行清塘,施放生石灰,以杀死敌害生物和野杂鱼等。

2. 鱼种入塘前要进行消毒处理

对鱼种进行消毒处理可杀灭寄生于体表和鳃部的寄生虫,特别是从外地购进的鱼种,还能增加鱼体的适应能力,提高成活率。必要时，可结合鱼种消毒，进行免疫注射。

3. 把好饵料关

投给鱼类的天然饵料要新鲜、适口，人工饵料也要新鲜不能发霉变质，必要时可制成混合饵料投喂，在数量上也要适宜，使鱼吃饱又不能剩余。

4. 改良水质最重要

鱼类终生生活在水中，池塘养鱼时的水相对自然江河之水要肥得多，有机质和细菌数量大，易滋生病菌，同时，池水中的有害物质可使鱼抗病力下降，所以，改良水质对防病非常重要。池塘改良水质最有效的办法是经常冲水，其次是在晴天午后开增氧机一次，另外，每月向池塘中泼撒1~2次生石灰也很重要。

5. 注意平日操作

拉网操作要细心，平日操作要轻快，勿使鱼受伤。

6. 做好发病季节的池塘管理

在池塘鱼病盛发季节及其来临之前，要特别注意保持水质清爽，控制投饵数量，提高饵料质量，增加精料的比例，并加强巡塘，发现异常及病死鱼，要迅速查清原因，并针对病因采用适当的药物治疗。

八、池塘管理

一切养鱼的物质条件和技术措施，最后都要通过池塘日常管理，才能发挥作用，使养鱼获得高产高效。渔谚"增产措施千条线，通过管理一根针"，说的就是这个意思。

1. 池塘管理的基本内容

（1）经常巡视池塘，观察池鱼动态 每天的早、中、晚巡视池塘三次。黎明巡塘观察鱼有无浮头现象，浮头程度如何；日间可结合投饵等检查鱼活动和吃食情况；近黄昏时巡塘检查鱼全天吃食情况，有无残剩饵料，有无浮头征兆。酷暑季节，天气突变时，鱼最易发生浮头，还应在半夜前后巡塘，以便及早发现，采取措施。

（2）随时除草去污，保持水质清新和池塘环境卫生，及时防止病害　池塘水质清新，溶氧量高，池鱼才能生长良好。为此，除施肥冲水外，还要结合巡塘，随时捞出水中污物、残渣，割去池边杂草，另外，还要及时驱散有害鸟兽等。

（3）适时开增氧机　增氧机是高产鱼塘必备的设备。增氧机不仅是在池塘缺氧时开启，在池塘生产过程中，许多时候都需要增氧机，如施肥后、施药后、高温季节晴天正午等。开增氧机的原则是：晴天中午开，阴天清晨开，连绵阴雨半夜开；傍晚不开，浮头早开；半夜开机时间长，中午开机时间短；施肥、天气炎热、水面大，开机时间长；不施肥、天气凉爽、水面小，开机时间短。

（4）定期检查鱼体，记好养鱼日志　在养鱼过程中，每隔一段时间（半月或一个月）抽样检查鱼体，了解池鱼的生长情况，以便在以后养鱼过程中为调整投饵量、改换饵料种类、改善水质等提供依据。抽样要随机，大鱼可在10尾左右，小鱼可在50尾左右，也可不捞出鱼，而是在鱼抢食时，用肉眼判断鱼的生长情况。

池塘日志是养鱼生产技术措施和池鱼生长情况的简明记录。在养鱼工作中，可根据已往的记录和生产成绩，决定下一步的措施，往年的记录可供编制来年计划和改进技术时参考。所以说，池塘日志是检查工作、积累经验、制定计划、提高技术的重要参考依据，一定要予以重视。池塘日志通常要包括以下几个项目：①日期；②天气；③水温，一般每日测两次，日出前测一次，代表一昼夜中最低水温，午后2时至3时测一次，代表最高温，池深在2米以上的，还要分别测表层和底层水温；④放鱼、捕鱼情况，包括种类、数量、规格、单尾鱼的最大及最小长度和质量等，应实测不能估计；⑤抽样检查情况，包括长度、质量等；⑥病害发生情况，包括病害的类别、发生时间及危害程度、防治方法、防治效果等；⑦投饵、施肥情况，包括种类、用量、效果；⑧注、排水时间和注、排水量；⑨水质变化情况；⑩鱼活动情况；⑪增氧机的运行情况等。为了方便工作，也可将上述内容制成表格，逐日填写。

2. 防止浮头和泛池

防止池鱼浮头和泛池是池塘管理的一项重要工作。浮头和泛池是鱼对水质恶化的一种反应，其最主要的原因是水中缺氧。精养鱼池由于放养密度大，施肥投饵量大，水中有机质多，因而很容易发生浮头现象，严重者导致泛池，使大批鱼类窒息死亡，给生产者带来重大损失。常见的养殖鱼类都没有副呼吸器官，不能利用空气中的氧，当水中溶氧量低到一定程度时，都会表现为浮头。如四大家鱼通常在溶氧1毫克/升时开始浮头，0.5毫克/升时就可能窒息死亡；而鲤、鲫的窒息点则稍低。

（1）浮头的成因　浮头的主要原因是池水缺氧，池塘养鱼中，有以下情况可致使鱼类缺氧浮头：载鱼量大且施肥投饵多；天气变化引起池水对流紊乱；夏季阴雨连绵。

鱼类放养量少，水质清新的池塘很少发生浮头；而密度大，经常投饵施肥的池塘容易发生浮头，原因是池塘中的有机质含量多，各种浮游生物和底栖生物也多，有机质分解消耗大量的氧，鱼类和其它水生生物呼吸也要消耗氧。白天，太阳光照在池塘上，池水中的浮游植物和附着藻类光合作用产生很多的氧，池水不会缺氧。但夜间光合作用停止，池水中的氧气来源几乎没有了，但耗氧因子仍然存在，因而，池水中的溶氧就越来越少，至黎明太阳升起前达到最低。所以，高产池塘多在夜间或黎明前发生鱼类浮头。

盛夏高温季节，若赶上阴雨连绵的天气，由于光合作用弱，产生的氧气少，常导致溶氧供不应求，也容易导致池鱼缺氧浮头。

夏季的晴天，一方面池水表层光线足，浮游植物多，光合作用很强，产生大量的氧，使溶氧过饱和，而底层水由于光线弱，浮游植物少，光合作用弱，氧气很少，但底泥中有机质分解需要很多的氧，所以，底层溶氧极度匮乏；另一方面，表层水温高，水密度小，底层水温低，水密度大，这种上轻下重的水很难发生对流交换，只有到了夜间，上层水受气温的影响开始逐渐降温，密度加大，水体上下才会发生对流，致使高溶氧的表层水缓缓进入底层，其中溶氧很快被底层有机质分解消耗净，由于这种对流是缓慢的，所以，氧气消耗也慢。若对流在外界因素干预下，提前发生或使对流速度加快，则使池塘表层高溶氧水过早过快地被送入底层而被消耗掉，那么整个池塘的溶氧量就会迅速降下来，鱼类很快就缺氧浮头。这类外界因素有傍晚下雷阵雨，昼夜温差过大，傍晚时冲水或开增氧机等。

(2) 浮头的预测　在了解鱼类浮头起因的基础上，可根据天气、水色及鱼的活动情况等，正确预测浮头，这对防止浮头泛池的发生十分有利。

① 天气　白天晴朗高温，傍晚突降雷阵雨或夜间刮北风致使昼夜温差过大的天气；阴雨连绵的天气；久晴不雨，在投饵量及施肥量较大的情况下，若天气突变，一般都会有浮头现象出现。

② 水色　水色过浓，透明度小，如遇天气变化，易导致浮游生物大量死亡，水中耗氧量大增而引起鱼类浮头；春季水色白，透明度大，也会发生浮头，这是因为水中浮游动物大量繁殖，吃掉浮游植物，使氧气供不应求。

③ 鱼类吃食情况　鱼类在无病的情况下，吃食量突然减少，草鱼口衔草满池游动，则意味着池水中溶氧量偏低，不久可能会发生浮头。

如果在养鱼过程中遇到上述三种情况，应预料到池鱼将发生浮头，要提前采取预防措施，如冲水、开增氧机、停止施肥投饵等。若在正常天气，每日清晨可见鱼类浮头，那么，阴雨天时，肯定要发生浮头，应注意改善水质条件，如晴天午后开增氧机一次，经常冲水，也可将部分商品鱼轮捕出塘。

(3) 浮头轻重的判断　鱼类浮头多发生在夏季天气不好的夜间，在池塘的上风或中央处。一旦发现浮头，可根据其严重程度采取相应的措施解救。

主要根据开始浮头的时间、浮头位置及浮头鱼的种类判断鱼类浮头的轻重（表3-4）。

表3-4　鱼类浮头轻重的判断

时间	池内地点	鱼类动态	浮头程度
早晨	中央、上风	鱼在水上层游动,可见阵阵水花	暗浮头
黎明	中央、上风	罗非鱼、团头鲂浮头,野杂鱼在岸边浮头	轻
黎明前后	中央、上风	罗非鱼、团头鲂、鲢、鳙浮头,稍有惊动即下沉	一般
半夜2时至3时后	中央	罗非鱼、团头鲂、鲢、鳙、草鱼或青鱼(如果螺、蚬吃得多)浮头,稍受惊即下沉	重
午夜	由中央扩大到岸边	罗非鱼、团头鲂、鲢、鳙、草鱼、青鱼、鲤浮头,但青鱼和草鱼体色未变,受惊不下沉	重
前半夜	青鱼、草鱼集中在岸边	池鱼全部浮头,呼吸急促,游动无力,青鱼体色发白,草鱼体色发黄,并开始出现死亡	泛池

（4）浮头的解救　暗浮头常出现在饲养前期（4～5月），这是池鱼初次浮头，必须及时开增氧机或加注新水。否则，鱼类会因尚未适应缺氧环境而陆续死亡。

发现鱼类浮头时应及时增氧，并要根据各池鱼类浮头的情况采取措施。从开始浮头到严重浮头所需的时间长短与水温有关，水温低，则这段时间长些，水温高，则要短些，一般在25～30℃的水温条件下开始浮头，2～3小时后再增氧也不会有危险；但水温在30℃以上时，浮头1小时内必须采取增氧措施，否则，等草鱼、青鱼分散到池边，就很难解救了。

开动增氧机增氧和水泵加注新水是最好的解救办法。由于鱼池大，这种方法只能使机器附近的局部范围内池水有较高的溶氧量，为提高增氧效果，水泵所吸的水最好是高溶氧的新水，并使喷出的水流沿水面水平射出，形成一段较长的水流，以加大增氧面积。浮头鱼群往往被吸引到高溶氧区域内，冲水和开增氧机不宜中途停止，要待日出后，整个池塘溶氧上升后，方可停机。

此外，还可用药物解救，如双氧水、过氧化钙等。每亩用0.25千克双氧水，加水稀释后泼洒，中国科学院水生生物研究所研制出一种解救浮头的药物——鱼浮灵，施放简单，效果很好。

当青鱼、草鱼都搁浅在池边，鲢、鳙浮头的角度（鱼体与水面的夹角）增大，即发生了严重浮头。管理人员切勿使其受惊，发现死鱼也不能马上捞出，否则鱼类受惊挣扎，极易死亡。

鱼类窒息死亡后，一部分死鱼浮在水面上，另一部分挣扎后沉入水底。因此，泛池后，除了捞取泛在水面上的死鱼外，还要设法捞出池底的死鱼，否则，一旦死鱼自己浮上水面时，已腐烂变质，不能食用，且腐坏水质。

第四章
稻田养鱼

稻田养鱼是根据稻养鱼、鱼养稻的原理，把水稻种植业和水产养殖业结合起来，将原来单纯的稻田生态系统向更加完善的物质循环方向发展，充分利用人工新建的稻鱼共生生态系统，发挥其共生互利的作用，争取稻鱼双丰收的一项生产技术。

稻田养鱼已成为我国淡水渔业的一个重要组成部分。发展水库、湖泊、家庭养鱼池、精养鱼池等水体养鱼，需要大量的鱼种。利用稻田来养鱼种，能为养殖成鱼提供大量的鱼种来源，对增加淡水鱼产量起到积极作用。但是，稻田养鱼一定要树立以稻为主的思想，要发挥鱼养稻的作用，达到稻增产鱼亦丰收的目的。

第一节 稻田养鱼的生态学原理

一、稻田养鱼的生态学基础

稻田养鱼是将种稻与养鱼人为地结合在同一场所，充分发挥二者之间相辅相成的作用，有效地发挥鱼在稻鱼共生系统中的积极作用，促进物质循环，使能量朝着对稻鱼双方均有利的方向流动，发挥稻鱼共生生态系统的最大负载力。在这一系统中，稻鱼有着共同的生活基础和利害关系。

1. 稻、鱼要求的生态环境基本一致

水稻丰产的水位管理要求是：浅—深—浅。即在移栽至拔节期

要求浅灌，水深为3～5厘米；孕穗期深灌，水深6～10厘米；成熟期又要求浅灌，水位恢复至3～5厘米，同时要求肥料足、通气、透光好。

鱼类要求的生态条件是水质清新、溶氧量高、饵料丰富。而稻田由于水浅，经常排灌，溶氧量高。稻田中的浮游生物、底栖生物、水生昆虫等又为鱼类提供了丰富适口的饵料。由此可见，稻、鱼要求的生态条件基本吻合，它们有共生的基础。

2. 稻鱼共生生物学原理

稻鱼共生生态系统的非生物因子包括光能、水、氧、二氧化碳、无机盐等都是生物所必需的因子；生物因子包括水稻、杂草、鱼、浮游生物、底栖生物、水生昆虫、微生物等，水稻是稻鱼共生生态系统的主要因素，它吸收大量光能、二氧化碳、水及各种无机营养成分，进行光合作用制造有机物，给人类提供粮食。水田中的大量杂草、浮游植物、光合细菌和水稻一样进行着能量的转化，但它们并不给人类提供有益的产品，相反，还和水稻争夺肥料、空间和阳光，有些杂草是水稻病虫害的中间宿主。在一般情况下，稻田杂草基本上被拔除离田，大量的细菌、浮游植物、浮游动物以及部分底栖动物通常也因田水排放而流失，造成土壤养分和太阳光能的损失，这显然是一种物质和能量的浪费。实行稻田养鱼可"截流"这部分原来浪费了的物质和能量，并使之转化为鱼产品提供给人类。

以草鱼为例，它在稻田中不断地吃浮游生物和杂草，不断地长大。同时鱼的粪便和排泄物（其中含有丰富的氮和磷）又可以作为水稻的肥料，呼吸排出的二氧化碳为水稻的光合作用提供了充足的碳源，鱼类在水田中的摄食和活动，又能搅动田水，增加水和空气的接触，起到了增氧的作用，还能疏松土壤，改善土壤的团粒结构，打破土壤表面胶泥层的封固，有利于水稻根系的呼吸和发育，从而促进了水稻的有效分蘖，增加了稻谷产量。

二、稻田养鱼的综合效益

1. 稻田养鱼的经济效益

（1）使水稻增产 5%～15%　由于鱼类改善了稻田的生态条件，能促进水稻有效穗的增加和结实率的提高，从而使稻谷增产。

（2）能获得一定鱼产量　利用稻田繁育鱼苗，每亩可增加纯收入上百元，高的可达千元。放养食用鱼，每亩可生产 200 千克左右。稻田养鱼能明显提高产值。

（3）可除草、保肥、造肥、防治病虫害、降低成本、增加收入

稻田养鱼可清除杂草，减少肥料流失。随着鱼的生长和体重的增加，吃食量和排粪量也相应增加，鱼类的粪便和排泄物可作为水稻的肥料。同时，鱼类还能捕食水稻害虫，如稻飞虱、叶蝉、稻螟蛉等。

2. 稻田养鱼的社会效益

① 提高了土地利用率，适用于我国田少人多的实际情况。稻田养鱼能立体利用农田，以尽可能少的物质和能量的投入，生产更多更好的鱼和粮食，创造优质高产、低耗高效的合理的农业生态系统，是现代化农业的目标之一。

② 打破粮食生产的单一经营形式，改善了稻区农村经济结构，是解决丘陵山区人民吃鱼问题和农民致富的一条有效途径。

3. 稻田养鱼的环境效益

① 稻田养鱼减少了农药和化肥的使用，减轻了对环境的污染。在稻田里大量使用化肥，会造成水土污染和土壤有机物质的急剧下降，致使土地板结、性质恶化，甚至还影响农业和渔业生产的产量和质量，危害人畜的健康。存在于土壤中的农药，未被农作物吸收部分会蒸发或随着尘土飞散污染大气，或随着雨水流入河中，污染水体。稻田养鱼能在一定程度上减轻这两方面的危害，从而减轻了

对环境的污染。

② 稻田里养鱼，鱼能吃掉孑孓和血丝虫等害虫，减少了疟疾和丝虫病的发生与流行，有益于改善稻区农村的环境卫生，提高人民的健康水平。

第二节　稻田养鱼的类型与养殖技术

一、稻田养鱼的类型

稻田养鱼的方式有很多，根据不同的分类标准，可以分成不同的类型。

1. 依据稻、鱼结合方式分类

（1）稻鱼并作型　即种稻养鱼在同一块田同时进行，又可划分为：

- 单季稻田养鱼
  - 早稻田养鱼
  - 中稻田养鱼
  - 晚稻田养鱼
- 双季稻田养鱼
  - 双季独立稻田养鱼
  - 双季连养稻田养鱼

（2）稻鱼轮作型　即水田种稻时不养鱼，在收割后加高田埂，置好拦鱼设备，养鱼而不种稻。根据稻鱼轮作方式，又可划分为：

① 一稻一鱼型：一年种一次稻，轮养一次鱼；

② 二稻一鱼型：一年种二次稻，轮养一次鱼；

③ 二稻二鱼型：一年种二次稻，轮养二次鱼。

稻鱼轮作型适合水稻产量不高的低洼地区。

（3）稻鱼间作型　即利用种稻间隙养鱼，这种方法因为培育时间短，多用于培育鱼种。

2. 依据稻田养鱼的沟溜结构分类

(1) 沟溜式　在养鱼稻田中设置鱼沟、鱼溜。沟溜的形式多种多样，有"口""一""丰""田""囲"等。沟溜式是目前应用最广泛的一种方法。

(2) 墒沟式　结合水稻条栽技术，加宽加深水稻通风沟而形成的一种特化的沟溜式稻田养鱼方法。一般要求墒面宽1米或2米，沟上口宽0.8米，下口宽0.5米，沟内水深0.5米以上。墒上种稻，沟内养鱼。这种方法稻、鱼产量都很高，值得推广应用。

(3) 垄沟式　结合水稻半旱式栽培技术，拉线起垄，垄上种稻，是沟内养鱼的一种特化沟溜式养鱼方法。垄宽0.8米、高0.8米，沟宽0.5米、深0.5米。本法适宜于低洼的冷浸田。

(4) 田塘式　大溜或小型鱼塘与稻田水体通过鱼沟串联起来进行养殖的一种方法。本法又可继续划分为：田中塘养鱼法、田内塘养鱼法、田边塘养鱼法、田外塘养鱼法。

田塘式养鱼法，稻鱼产量高、效益好，稻鱼之间矛盾少，操作方便，多用于养殖成鱼。适宜在人均稻田面积偏大的地方推广使用。

3. 依据稻田养鱼的收获规格分类

(1) 鱼种田稻田养鱼　简称"鱼种田"，以培育鱼种为目的的稻田养鱼方法，是稻田养鱼的主要方法。

(2) 成鱼田稻田养鱼　简称"成鱼田"，是放养大规格鱼种培育成商品鱼的稻田养鱼法，适宜在高原、丘陵、山区或其它吃鱼难的地方推广。

4. 依据稻田种类分类

(1) 大田养鱼　利用插秧的稻田来养鱼，这是稻田养鱼的主要形式。

(2) 秧田养鱼　是利用秧田培育鱼种的方法。其特点是：①目的是培育稻秧及鱼种；②水质较肥，能满足秧苗、鱼苗的生长需要；③种养时间短、见效快、易管理、潜力大。

（3）冬闲田养鱼　即冬闲水田养鱼，它是利用水稻收割后至翌年种稻以前这一段稻田休闲期进行稻田养鱼的方法。一般以养殖成鱼为主要方式。

5. 依据养鱼稻田水体深浅分类

（1）深水稻田养鱼　是适应高株水稻管理技术而产生的一种稻田养鱼方法。在一些地势低洼的深水田，可以栽种能在深水中生长的稻谷品种，这些品种能随水深的增加而长高，只要保持稻头露出水面就可正常生长。这样的水田相当于浅水池塘，稻、鱼的产量都很高。

（2）浅水稻田养鱼　随着水稻种植技术的进步，稻谷需水量越来越小，浅水稻田越来越多。这种养鱼法是主要的研究、发展对象。

6. 依据养鱼稻田的进水方式分类

（1）串联式稻田养鱼　即上丘田的出水是下丘田的进水的养鱼方法，在梯田多而水源有限的地方用此法。

（2）并联式稻田养鱼　即每丘田都有独立的进出水系统的稻田养鱼方法。本法稻鱼产量较高。

7. 依据稻田与其它经济生物的搭配关系分类

依据稻鱼与其它经济生物的搭配关系，又可把稻田养鱼分为：稻鱼萍、稻鱼果、稻鱼菜（菇）稻田养鱼，以及稻田特种水产品（如牛蛙、虾类、龟、鳖、螺、蚬等）养殖等。

二、稻田养鱼技术

现在，我国稻田养鱼所采用的稻鱼结合方式主要是稻鱼并作，本小节着重介绍这一养鱼技术，并简要介绍稻鱼间作技术。

1. 养鱼稻田应具备的条件

① 水源充足，注排水方便，蓄水力强，天旱不干，涨水不淹。
② 田埂高而坚实，以防涨水时鱼越埂逃逸。
③ 光照充足，水温暖，无污染，交通方便。
④ 土质肥沃，pH 值为中性或微酸性的壤土或黏土为好。

2. 稻田养鱼的准备工作

（1）加高、加宽、加固池埂　通常田埂高度不低于 40 厘米，宽度不低于 30 厘米。培育鱼种的稍低些、窄些，培育成鱼的较高些、宽些。池埂要夯实，有条件的地方也可浆砌条石或浆砌块石田埂，这样既可稻田培育鱼种，又可在收稻后兼养成鱼。

（2）三种主要养殖模式的工程设计

① 沟溜式　鱼沟、鱼溜是鱼类栖息的主要场所，鱼沟是鱼的通道，鱼溜也叫鱼坑、鱼窝。在稻田晒田、施肥、施药杀虫时，可使鱼集中在鱼沟、鱼溜中躲藏。在夏季高温时，又可作为鱼的"避暑山庄"。捕鱼时则可将鱼驱入沟、溜中，便于捕获。

鱼沟要求四通八达，分布均匀，无盲道，便于鱼类觅食和逃避敌害，设置的数量和形式根据田块面积和形状而决定。大田可采用"井"字形或经纬线状；大而圆的田可采用放射状加环沟；中小田块一般采用"井"字形或"十"字形，见图 4-1。鱼沟的宽度一般为 35 厘米左右，深度为 40～50 厘米。开挖面积占稻田总面积的 8%～10%。一般在秧苗移栽后，即秧苗返青时开挖。

鱼溜最好在插秧前开挖，这样工作顺手，出土方便，其位置一般设在进、出水口处。放射状的鱼沟应将鱼溜设在放射线中心，但总的原则是将鱼溜设在最低处。鱼溜的数量、大小、形状要根据稻田形状和养鱼品种决定。一般情况下，小田 1 个，大田 2～3 个，每个鱼溜的面积可为 70 厘米×100 厘米、100 厘米×170 厘米、140 厘米×200 厘米或直径为 150～200 厘米、深度为 40～60 厘米的圆坑，占稻田面积 10% 以下。

② 田塘式　在稻田内部或外部利用低洼处开挖鱼塘，面积占田面积的10%～15%，深1～1.5米，塘与田以沟相通，沟宽、沟深均在0.5米左右，见图4-2。

③ 垄沟式　在稻田里起垄作沟，垄上种稻，沟中养鱼。垄宽0.8米、高0.8米，沟宽0.5米、水深0.5米，见图4-3。

（3）进、出水口和拦鱼设备的设置　为便于水体交换，进、出水口宜对开。设置数量则根据面积大小、进出水路线而定。总的原则是能保持流量平衡，必要时能及时补水和及时排毒。砌筑进、出水口的材料一般用浆砌条石或浆砌块石，也可用混凝土管或瓦管。进水口应设在田块的最高处，而出水口则正好相反，应设在最低处。特别是进水口要能严格防止洪水冲入田内。

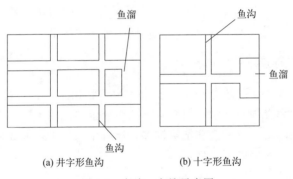

图 4-1　鱼沟、鱼溜示意图

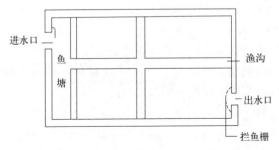

图 4-2　田塘式鱼沟

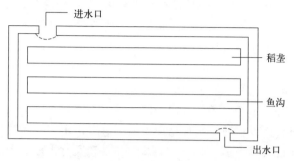

图 4-3 垄沟式鱼沟

拦鱼设备是进、出水口必不可少的附属设备，其形状一般采用"A"字形或半圆形，其凸面朝向水流，增加过水面积，起到分流作用，减少对设备的冲击力。拦鱼栅要高出田埂 20 厘米，底部要埋入泥中。栅目大小视鱼体而定，以不逃鱼为标准。

3. 放养技术

（1）放养品种选择和鱼种要求　由于稻田水浅，日夜温差大，鱼的活动大受限制。水中饵料生物的组成也与池塘不同，主要是底栖动物、昆虫、丝状藻和杂草较多，浮游生物较少，因此，选择养殖品种时应考虑以下条件：

① 鱼种能耐浅水、耐高温、耐低氧；
② 生长快，在短期内能培育成鱼种或商品鱼；
③ 性情温和，不易跳跃或逃逸；
④ 鱼种获取方便，最好能自繁。

稻田养殖应以适应性广、草食或杂食性的鱼为好。现在稻田养殖的鱼种类主要有：鲤、鲫、草鱼、大口鲇、斑点叉尾鮰、胡子鲇、罗非鱼、黄鳝、泥鳅、团头鲂、鲢、鳙等；此外，还有一些特种水产品，如河蟹、罗氏沼虾、日本沼虾、牛蛙、甲鱼、蚌等。具体放养种类，要因地制宜，就地取材，要尽可能地多品种混养，充分利用稻田中的饵料生物。

稻田放养的苗种，要求体质健壮、体表光滑、鳞片完整、鳍条

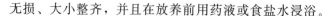

无损、大小整齐,并且在放养前用药液或食盐水浸浴。

(2) 放养规格与密度 由于各地养殖水平、饲养鱼类以及栽培技术的不同,其放养量也不同。

① 稻田繁殖鱼苗 鲤、鲫可以在稻田里产卵繁殖鱼苗,也可将粘有鲤或鲫卵的鱼巢放入田中孵化。孵化时加入新水,使整块田水深为12~14厘米,有利于鱼卵孵化出苗。鱼苗仍留在原田或移养一部分到另外的水田中培育至3厘米以上的夏花,每亩放养量3万~5万尾。

② 夏花养成鱼种的放养量 在不投饵的情况下,每亩放养量为1500~2000尾。放养比例为草鱼、鳊、团头鲂占70%,鲤、鲫占30%或者鲤、鲫为主占70%~80%,草鱼占20%~30%。若田水较肥,还可搭配少量鲢、鳙,比例约为5%。在投饵精养的情况下,一般亩放养量为3000尾左右,放养比例如前。

③ 鱼种养至食用鱼的放养量 进行成鱼饲养的稻田要求放养大规格鱼种,草鱼16~22厘米,鲢、鳙13~16厘米,鲤、鲫、罗非鱼、团头鲂等7厘米以上,每亩放养300尾左右;胡子鲇5厘米,每亩放1300~1500尾;泥鳅3厘米,每亩放1万尾;黄鳝50克,每亩放1300尾。通常一块稻田应以一种鱼为主,适当搭配2~3种其它鱼类。日本沼虾、河蟹进行稻田养殖,则每亩放1.5~2.0厘米日本沼虾2.5万只或V期幼蟹300只,并另设防逃墙。

(3) 放养时间 放养时间应尽量早,争取较长的生长期,对于培育夏花和鱼种尤为重要。这一阶段若水温适宜,饵料丰富,鱼体能够猛长。夏花迟放养1周,规格相差1厘米左右。育秧田培育夏花,可在秧苗出土、田面浸水后开始。这种秧田浮游生物丰富,有利于鱼苗的生长。单季稻田养鱼种或稻鱼并作养殖食用鱼,一般在秧苗移栽返青后放养。

4. 管理技术

(1) 经常巡田 发现问题及时处理。每天早晚巡田,检查鱼的活动、吃食和水质情况,决定投饵、施肥量;检查田埂是否塌漏、拦鱼设备是否牢固，严防逃鱼和敌害进入；检查鱼沟、鱼溜，防止田泥堵塞；检查水源、水质，以防有害污水进入；检查有无敌害和鱼病，以便及时捕杀和及早防治；在暴风雨前要及时采取防治措施，以防大水漫堤。

(2) 保持适宜的水位和水温　苗种放养初期，鱼小秧矮可以浅灌，稻田水深在3~5厘米；随着水稻长高，鱼种长大，要逐步加水，稻田水深保持在8~15厘米，使鱼始终能在水稻丛中畅游索饵。稻田排水时不宜过急过快，防止鱼来不及进入鱼沟、鱼溜而干死。

稻田水温在盛暑期可高达38~40℃，在水温过高时要适当加深水位、换水或遮阴来降低水温。

(3) 投饵　要想加速鱼的生长，短期内育成需要的规格，提高亩产量，在稻田养鱼中适当投饵是重要而且必须的。

稻田养鱼以投精料为宜，如花生仁饼、豆饼、糠类、螺蛳、水蚯蚓、鱼用颗粒料等。投喂量可根据季节、摄食情况和鱼的生长速度灵活掌握，一般为5%左右。投喂要采取"四定"投喂法，坚持上午、下午各一次。饵料投放在避风向阳的鱼沟和鱼溜内，饲料要新鲜，残饵要及时捞出，以防水质恶化引起鱼病。

(4) 防治鱼病　同其它养殖方式一样，稻田养殖的鱼也易生病，且病后难恢复，因此要十分重视疾病预防工作。

① 苗种下田前1周，稻田必须用生石灰或三氯异氰脲酸粉（强氯精）消毒。用量为每0.1亩稻田用生石灰10~15千克或三氯异氰脲酸粉75~150克。

② 苗种要求体格健壮、无损伤，下田前用2%~5%食盐水浸泡3~10分钟消毒。

③ 鱼病流行的季节，在鱼沟、鱼池中用生石灰、精制敌百虫粉、三氯异氰脲酸粉、硫酸铜等进行泼洒消毒，每立方米水体施生石灰40克、精制敌百虫粉0.5~1克、三氯异氰脲酸粉0.3~0.4克、硫酸铜0.5~0.7克。方法是生石灰相隔半月重复一次，其它药物交叉施行，结合内服抗菌、消炎等药物预防效果更好。若鱼已

经发病,可缓慢排水,将鱼赶到鱼沟、鱼池内,计算存水量,对症进行药物治疗。

(5) 晒田 浅灌、晒田可以加速水稻的根系发育,控制无效分蘖,促进水稻增产,但晒田时一定要注意鱼类的安全。晒田前要清理疏通鱼沟、鱼溜,严防阻隔和淤塞。晒田时沟内水深要保持在20~30厘米,要尽量轻晒、短晒,不要晒到田面龟裂的程度。做到晒田不晒鱼,晒田不伤鱼。晒田期间最好在鱼沟内投喂些精料、嫩草、浮萍等,以免缺乏食物,影响鱼类生长。晒田后要立即恢复水位。

(6) 施肥 养鱼稻田合理施肥,不但能促进稻谷的增产,而且能起到肥水作用,对鱼的生长也是有利的。但施肥过量或方法不得当,也会对鱼类产生毒害作用。

要做到合理施肥,应注意以下几方面。

① 以施基肥为主,追肥为辅;有机肥为主、无机肥为辅。有机肥肥效稳定,对稻、鱼都有利,但在施用前必须发酵。基肥要一次施足,施肥后5天才能放鱼。化肥施量过多,水稻前期徒长,中期营养积累不够,后期贪青晚熟,空壳率增加。

② 施肥量适中,过量和不足都不好。施肥时基肥多用有机肥,追肥多用化肥。有机肥施用量每次每亩不宜超过500千克。水深7厘米左右时几种常见化肥每亩的安全施用量为:尿素7.5~10千克;硫酸铵10~15千克;硝酸钾2.5~7.5千克;过磷酸钙10~15千克;生石灰不超过10千克;氨水不宜超过2.5千克。

③ 使用正确的施肥方法。施追肥时,应先排浅田水,使鱼集于鱼沟、鱼溜中,然后施肥,这样有利于肥料迅速沉降,被稻根吸收。注意不要将化肥撒入鱼沟、鱼溜中,待化肥基本被田泥和水稻吸收后(一般5~7天),再注水至正常水位。还可采取轮施的办法,每次施半块田,两次间隔一周。

(7) 施药治虫 稻田养鱼后,鱼可能吞食部分害虫,但不可能完全代替农药治虫防病。严重的虫害仍须对症选用高效低毒的农药,严格掌握药物浓度,切忌任意加大剂量。常用的农药有:井冈霉素、多菌灵、杀虫双、异丙威、甲胺磷、稻瘟净、叶枯净等。在稻田洒药治虫的常规浓度下，对鱼类并无影响。毒性较大的农药，如五氯酚酸钠、呋喃丹（克百威）、毒杀芬、鱼藤酮乳剂、波尔多液等最好不用。

为了鱼类的安全，施用农药前要先清理并疏通鱼沟、鱼溜。粉剂农药宜在露水干前喷施，水剂农药宜在露水干后喷施，药物应尽量喷洒在稻叶上，这样不但能提高农药效果，而且可以避免药物落入水中危害养殖品种。洒完药后万一发现鱼类不适，应立即加灌新水，稀释水中药物浓度。下雨或雷阵雨前不要施药，否则药物被雨水打落田中，严重时可造成鱼类死亡。

稻田施药方法有以下几种：

① **深水打药法**　打药时，田水加深至 7～10 厘米，喷雾器与地面呈 45°角喷施，喷雾片的孔径越小越好，由于雾滴细小，药物大多留在稻叶上，水中虽会有些农药，但因水深，药物浓度低，对鱼危害较小。施药后 5～6 小时进行换水，防止农药残留。如施药浓度较大，可把水再加深些。此法效果最好也最实用。

② **排水打药法**　打药前将田水缓慢排出，只保留鱼沟、鱼溜中水，将鱼全部集于鱼沟、鱼溜中，并可在沟、溜周围用泥筑堤，防止农药随水流入，然后施药，待落到田里的农药毒性消失后，再挖掉泥堤，将水加深到规定的深度。

③ **隔天分段打药**　第一天在某一段或半块田内打药；另一半田第二天打药，使鱼有躲避的机会和场所，不受伤害。

④ **间隔打药法**　在同一块稻田种不同水稻品种，不同品种的生育期不同，打药的时间也会前后不同，田水中农药的浓度也会相应低些，对鱼不会造成太大的危害。

5. 水稻栽培和管理

（1）水稻品种选择　应选用抗病、抗倒伏、产量高的优良品种。如辽开 79（辽开 79-3）、辽盐 16、辽粳 207 等。因为养鱼稻田进水时间长，水稻易倒伏。选用抗病害品种，可以减少或免去打药,减轻对鱼的危害。而且这些稻田品种,收割期与鱼产品的收获期大体时间一致。

(2) 秧苗类型选择　秧苗类型以长龄壮秧、多蘖大苗为主。这样,分蘖在秧田发足,丰产架子在秧田搭好。移栽后,可减少无效分蘖、提高成穗率;并且可减少晒田次数和缩短晒田时间,改善田间气候,减轻病虫害,从而达到稻、鱼双丰收。

(3) 栽培技术　抛秧密度为每亩1.33万~1.52万穴,561孔秧盘每亩抛25~30盘。插秧株行距为23厘米×10厘米或20厘米×13厘米。并适当增加沟两旁的栽插密度,发挥边际优势。

(4) 水稻生长管理　根据稻鱼生长规律和生长特点,为兼顾稻鱼共生,采取增施有机肥、重施基肥、分次追肥的方法,以防施肥浓度过高,造成鱼中毒死亡。由于鱼类排泄的粪便、吃剩的残饵对稻田有增肥作用,因此施肥量应比不养鱼田要少。防病治虫,应选择高效低毒、低残留的农药,防止鱼类受害。

6. 收捕

(1) 收捕时间　水稻成熟后,夏花一般也已长到鱼种规格,田中杂草已被鱼类吃光即可收鱼。稻鱼轮作的稻田,可在插秧前收鱼。稻鱼并作的稻田可在水稻收割前10~15天收鱼。

(2) 收捕方法　收鱼前要疏通鱼沟、鱼溜,并准备好捕捞工具,如抄网、小拉网、海斗、网箱、木桶等。收鱼时要缓慢放水,将鱼集中在鱼沟中,再赶入鱼溜内,用小抄网或小拉网捕捞,放到盛有清水的桶里,送往事先放在水中的网箱里。如果一次捞不净,可重新灌水再捕一次。最后沿沟巡视,捕捉少数遗留在低洼处和脚坑中的鱼。切忌在满田泥水中摸鱼,以免鱼鳃沾泥影响其成活率。收获的鱼种要及时按种类计数,转入下一级养殖水域。待田面硬结不陷脚时即可收稻。

三、稻鱼间作技术

稻鱼间作一般是利用冬闲田养鱼,即利用晚稻收割后至翌年春早稻栽种以前这段稻田休闲期养鱼。冬闲田养鱼多为混养,产量高,稻鱼之间不仅没有直接的矛盾,而且能扬利避害,相互促进,既可增加收入,又可改善土壤肥力。

1. 稻田的选择和整理

养鱼稻田应选择不易干旱、水源充足、排灌方便、土质肥沃、保水保肥能力强、避风向阳的田块。选择好后还要进行适当的整理。在晚稻收割后翻耕一次,不需耙平,并把田埂加高到60~70厘米,夯实,防止漏水和倒塌。

2. 放养前准备

(1) 开挖鱼凼鱼沟　鱼种放养前,在冬闲田四周挖好围沟且在田中间开好"十"字形沟,做到沟沟相通,并挖一个面积为10米^2,深0.5~0.7米的鱼凼,与鱼沟相通。

(2) 搭设鱼窝　用竹、树枝搭棚围住鱼凼,用稻草覆盖,供鱼避寒越冬和防止鸭子危害。

(3) 消毒　放鱼前7~10天每亩用生石灰30~50千克对全田进行消毒,杀灭病害,减少鱼病。消毒后3~5天每亩施猪粪、牛粪100~150千克作基肥。

3. 鱼种放养

(1) 成鱼养殖　应以鲤、鲫为主,搭配适量的鲢、鳙。一般每亩放养体重50~100克的鲤、鲫350~400尾,体长10~13厘米鲢、鳙100尾,水草较多的田,加放17厘米草鱼种100尾。

(2) 培育鱼种　以放养草鱼为主,适当搭配鲢、鳙、鲫等。一般每亩放养10~13厘米草鱼种1000~1500尾,3~7厘米鲢、鳙鱼种500~1000尾,3~7厘米鲤、鲫50~100尾。

4. 管理

一般冬闲田水质较清瘦,饵料生物较少,为了提高产量,冬闲田养鱼应加强投饵施肥工作。养殖期间只要水温在10℃以上的阴、晴天，均应坚持投饲，投喂量应以每天食有剩余为度，一般为吃食鱼总量的1%。投喂要坚持"四定"，并确保饵料新鲜适口，水温降至10℃以下，以施肥为主。并应根据天气、气温等情况，适当升高或降低水位，以利鱼类摄食、活动和休息。坚持早、晚巡田，做好防病、防逃、防害、防盗、防冻工作，定期加注新水，保持水的正常深度。

第五章
鱼菜共生

　　鱼菜共生（aquaponics）是一种新型的农业复合耕作体系，运用了生物共生原理，根据鱼类和植物的生存环境、营养需求和理化特点，把水产养殖（aquaculture）与水耕栽培（hydroponics）结合起来，通过巧妙的生态设计，达到科学的协同共生，实现了养鱼不换水而无水质忧患，种菜不施肥而正常成长的生态共生效应。

　　利用水生蔬菜需从水体中汲取营养物质的特点，将养鱼过程中产生的粪便排泄物、残饵、氨氮等转化成蔬菜生长所需的养料，形成"鱼肥水—菜净水—水养鱼"的循环系统，鱼类和蔬菜之间达到了和谐共生的生态平衡关系，不仅能使养鱼水体自然净化、水质保持长期稳定，而且能在养鱼的同时收获一定量的水生蔬菜，具有净水、提高水产品质量、蔬菜增收、减少水电和药等成本投入、构成景观工程等优势。

第一节　鱼菜共生的发展和模式

一、鱼菜共生的历史及发展现状

　　鱼菜共生技术的雏形是稻田养鱼，距今已有近两千年的历史，稻田养鱼最早出现于古代中国和东南亚一带，养殖的种类包括：鲤、鲫、泥鳅、黄鳝、田螺等。比如浙江丽水稻田养鱼，距今有1200多年历史。桑基鱼塘也是鱼菜共生技术的一种，最早出现在

明末清初珠三角一带，盛行了 400 多年，对珠三角的经济发展和社会繁荣起到积极的推动作用。

由于受困于干旱缺水的气候条件，20 世纪 70 年代，澳大利亚的园艺爱好者们成为现代鱼菜共生技术的先行者，借助互联网的开放性，在世界各地播下了火种。在知识和经验分享的过程中，鱼菜共生园艺得到快速发展，逐渐成为一场全球性的活动。之后，美国开始研究现代鱼菜共生技术，通过构建一个封闭系统，将蔬菜种植在水产养殖系统中，利用蔬菜处理养殖尾水。90 年代末，国际学术界提出"aquaponics"（"aquaculture"和"hydroponics"组合）一词，即鱼菜共生，并沿用至今。从 1997 年开始，维尔京群岛大学的 James Rakocy 博士和他的同事们研发出了一种基于深水栽培（deep water culture）的大型鱼菜共生系统。之后，世界各国多个大学逐步开展相关技术研究，探索大规模鱼菜共生农业生产的技术方法。联合国粮食及农业组织也把小型鱼菜共生系统作为可持续农业模式向全球推荐。目前，鱼菜共生技术相关项目已遍布全球多个国家，规模化的鱼菜共生系统逐步在世界各地建设投产，室内的鱼菜共生工厂也开始出现。当前，整个鱼菜共生家庭园艺和农业产业正在快速发展。

中国对于鱼菜共生技术的研究起步相对较晚，但 20 世纪 90 年代我国生态农业开始兴盛时，许多地方就开始推广稻萍鱼系统，萍作为鱼的饲料，而鱼的排泄物又成为肥田的有机养分，三者也是一种生态共生关系。1997 年，丁永良等提出鱼菜共生技术在水体净化是可行的，全国才逐渐开展该技术的研究。通过科研人员多年的研究、探索和改善，现已形成相对成熟的鱼菜共生技术，是解决当前水产养殖困局的关键技术。现代科技可以实现所有植物的水生栽培，这就自然把这技术嫁接到其它的经济植物或粮食作物之上，形成了以水培技术为支撑的新时期鱼菜共生体，只要把蔬菜改成水培即可。浙江省丽水市青田县龙现村已把稻田养鱼技术申报世界农业文化遗产保护，并在周边一带大面积发展该产业，这是鱼与植物共生成功的技术范例。

通过五十多年的发展与各国的不断努力,当前的鱼菜共生技术已形成了一套完整的理论与实践操作体系,我国也在各方面专家的努力下,正在研究与探索适合我国国情的新型鱼菜共生系统。

二、鱼菜共生的优点

鱼菜共生系统依赖的是无土栽培技术和温室技术,实现了低耗高产和环保节能。与传统农业相比,鱼菜共生耕作体系具有以下优点。

1. 实现了两种不同生产方式的互补

鱼菜共生系统在技术上的创新和突破,主要体现在:一是建立了池塘养殖废弃物(氮、磷)的原位减控与消纳利用技术;二是集成鱼菜共生设施及配套技术,包括水上蔬菜浮架制作工艺、水上蔬菜栽培技术、鱼菜共生养殖技术等,通过疏密双层网片浮架,成功解决了草食性鱼类和杂食性鱼类与蔬菜共生的问题。利用渔、菜两种不同生产方式潜在的能量与生态互补性,形成一种"养—种—净化"三合一的新型生产模式。

2. 提高了水产品和蔬菜的品质与安全性

鱼菜共生系统,在种植上为避免重金属沉淀,不使用营养液;形成了天然有机、封闭的循环系统,可有效把控产品质量;实现了高密度养殖及蔬菜的周年生产,提高了产品的品质和安全性。

3. 减少了环境污染

该系统养鱼废水和污染物在生产系统得到净化和利用,既无连作障碍,生产出高质量水产品和蔬菜,又减少了对环境的污染,具有明显的生态效益。

4. 提高了经济效益

该系统适用于养殖淡水名贵鱼类,种植蔬菜等经济作物,可实现大规模稳定生产，有利于提高经济效益。

5. 提高了生产效率

该系统运用一体化设备，成本投入低，平均可节约水电成本约30%，降低鱼药成本投入50%左右，病虫害显著减少，综合生产效益可提高30%~80%；生产省力，一人可运作一个农场，平均亩产能提高10%左右；系统节水，只消耗传统农业2%~10%的水；适应多种环境、不受天气影响；等等。大大提高了生产效率。

三、鱼菜共生的模式

鱼菜共生技术发展到今天，其模式多种多样，主要类型有以下几种。

1. 按水的循环流程分

（1）直接共生　直接共生就是在池塘中直接种植水生蔬菜。蔬菜可以直接利用养殖池中的氨、氮，不仅可以净化水质，还可以获得生长所需的养分。

（2）闭环共生　养殖池排放的水经由硝化床微生物处理后，进入蔬菜栽培系统，经由蔬菜根系的生物吸收过滤后，重新返回养殖池循环利用。水在养殖池、硝化床、种植槽三者之间形成一个闭路循环。

（3）开环共生　养殖池与种植槽（或床）之间不形成闭路循环，养殖池废水经处理供应蔬菜种植系统，以后不再进入养殖池，养殖池进水时使用新水。在水源充足的地方可以采用该模式。

2. 按照功能分

（1）景观型鱼菜共生　将鱼菜共生系统和场景景观设计相结合，在复合耕种的基础之上，让种养空间体现更多的观赏价值，兼具观赏、生产的功能，使其既是一套永续的循环养耕系统，更是一处赏心悦目的休闲空间，是现代温室、休闲农场比较超前的休闲模式。

(2) 生产型鱼菜共生　将养鱼生产与蔬菜无土栽培相结合，用鱼菜共生系统思维，解决工厂化循环水养殖系统诸多问题，实现高密度自动化水产养殖体系。其优点是，降低了工厂化循环水养殖系统的投入门槛，优化了工厂化循环水养殖系统的设备设施，最终实现同等的单位面积产量，更低的产品能源消耗。

(3) 庭院养生型鱼菜共生　庭院式鱼菜共生系统适用于家庭庭院、阳台、楼顶露台，也可以与民宿空间结合，是现代城市家庭休闲、养生的生态种养模式；其可以为家庭提供源源不断的新鲜蔬菜和鱼虾蟹等水产品，最大限度满足对新鲜、无公害蔬菜和水产品的需求。

3. 按共生方式分

(1) 直接漂浮法　采用泡沫板等作浮床，浮床上放定植板，漂浮于池塘水面，直接把蔬菜苗固定在定植板上进行水培；蔬菜依靠其发达的根系吸收水中鱼的排泄物、腐败剩饵等有机质。这种方式结构和操作简单，但利用率不高，且存在杂食性的鱼啃食根系的问题，需对根系用围筛网进行保护，较为烦琐，而且可栽培的面积小，效率不高，鱼的密度也不宜过大。

(2) 养殖水体与种植系统分离　两者之间通过砾石硝化床连接，养殖废水先流经硝化床（或槽），相对清洁的水再进入水培蔬菜或雾培蔬菜生产系统作为营养液，用水循环或喷雾的方式供给蔬菜根系吸收，经由蔬菜吸收后的水再次返回养殖池，形成闭路循环。硝化床上通常可以栽培一些生物量较大的瓜果植物，以加快有机滤物的分解硝化。这种模式可用于大规模生产，效率高，系统稳定。

(3) 养殖水体直接与栽培基质的灌溉系统连接　养殖废水直接以滴灌的方式循环至种植槽或者栽培容器，经由栽培基质过滤后，再返回养殖水体，这种模式设计更为简单，用灌溉管直接连接种植槽或栽培容器形成循环即可。大多用于瓜果等较为高大植物的基质栽培，需注意的地方是，栽培基质必须选用豌豆状大小的石砾或者陶粒，这些基质过滤效果好，不会出现过滤超载而影响水循环，不宜用普通无土栽培的珍珠岩、蛭石或废菌糠基质，这些基质因排水不好而容易导致系统的生态平衡被破坏。

(4) 水生蔬菜系统　该系统实行的是养殖与种植分离式共生，即在栽培田块挖出部分淤泥或土壤，铺上防水布，再返填回挖出的淤泥或土壤，构建水生蔬菜种植床，养殖废水直接排入农田，再从种植床另一端回流至养殖池。这样废水在防水布铺设下无渗漏，而水生蔬菜系统又能充分过滤废液，同样达到良好的生物过滤作用，有点类似自然的沼泽湿地系统。如菰（俗名：茭白）、水芋、慈姑等水生蔬菜的鱼菜共生，都可以采用该系统设计。

4. 按栽培系统分

为了实现鱼菜的合理搭配和大规模种养，国际上的主流做法是将鱼池和种植区域分离，鱼池和种植区域通过水泵实现水循环和过滤。按栽培系统，可将鱼菜共生系统分为如下几种。

(1) 基质栽培　鱼菜共生系统最早结合运用的就是以固态基质栽培为主体的共生系统。这种系统设计简单，主要有高架设的栽培床，栽培床上铺设砾石或者陶粒等基质，蔬菜种植在基质中。基质起到生化过滤和过滤固态肥料的作用。硝化细菌生长在基质表面，具体负责生化过滤和过滤固态肥料。这种方式适合种植各类蔬菜。见图5-1。

(2) （深水）浮筏栽培　（深水）浮筏栽培也叫漂浮栽培，是水培技术中较为常见与普及的一种。我国的做法是蔬菜种植于水槽上，通过泡沫等漂浮材料将其托起。蔬菜的根向下通过浮筏的孔延伸到水中吸收养分。这种方式比较适用于叶类及部分果类蔬菜。国际上的（深水）浮筏栽培，栽培床虽然漂浮于养殖水面，但水并不直接接触养殖床，需要先经过硝化床或桶的过滤硝化后，方可引入浮筏种植系统。见图5-1。

（深水）浮筏栽培模式还可以结合纯氧的溶入技术，不仅可以使蔬菜的产量提高30％左右,还可以促进鱼的摄食,加快鱼的生长。(深水)浮筏栽培从栽培床的一端进水,另一端回流即可,但最好把进入端设计成瀑布喷射状的注入栽培床,可以提高溶氧,这种瀑布式循环的水培也叫M式水耕技术,它源于日本。

(3)营养膜管道栽培　即营养液膜技术(NFT模式),是一种较好的栽培叶菜类的模式。新时期的NFT模式一般都是采用管道工业技术进行科学构建的,形成了现代农业技术体系中的一种较为稳定的生产模式。通常采用PVC(聚氯乙烯)管作为种植载体,营养丰富的水被抽到PVC管道中。植物通过定植篮的固定,种植于PVC管道上方的开口内,让根吸收水分和营养。采用管道技术构建栽培系统,施工快速且简单,管理方便,洁净,容易实现工厂化,还可做到免农药栽培。见图5-1。

图5-1　基质栽培(左)、营养膜管道栽培(中)与浮筏栽培(右)

(4)气雾栽培　气雾栽培是最易实现空间立体设计的栽培模式。直接将养鱼的水雾化后喷洒到植物的根系,使其能够吸收营养。这种方式主要用于叶类蔬菜。气雾栽培的模式很多,目前生产上较为常用的有金字塔型、桶型、槽型、拱棚型等。不管哪种气雾栽培模式,都以提高空间利用率为原则,以雾化均匀为关键。雾化废水必须先经过硝化床的基质过滤净化后方可引入雾化栽培系统，以免造成严重的喷头堵塞。

(5) 水柱状的共生系统　该系统以水柱状养殖池构成水系，分为养殖柱（桶）、护根网、栽植蔬菜的泡沫浮板、投喂口与观察窗，再加上促进水流动或增氧曝气的水泵或气泵。养殖桶为太阳能吸收型的透明水柱，通常直径为 1～1.5 米，高度为 1 米。这种养殖桶具有以下优点，适度的透光更利于藻类及浮游生物的培养，而其后期水柱会因生物污垢的积累而呈灰黑色，更利于冬季的吸热。它所起的集热器效应，对于调控温室的冬季室温起到了极强的缓冲与稳定作用。这种半透明的水柱在白天光热作用下可使浮游植物的光合效率提高而释放大量的氧气，又有利于鱼的生长，而装置的曝气培氧设备又能为依赖氧气的好氧微生物及鱼提供氧气保障，有利于水产生物的培养与生长。桶中心设计直径为 30 厘米的观察窗，用于日常投喂与观察鱼活动状况。栽植蔬菜的泡沫浮板设计成可拆卸组合的放射状梯形浮板，从观察窗向四周发散式组合，也可以是一体化的与圆桶相符但中心留观察口的泡沫浮板。护根网主要作用是防止鱼啃食根系，所以一般于离桶沿 20 厘米处布设护根网笼。见图 5-2。

图 5-2　水柱状鱼菜共生系统

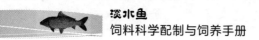

这是一种高效益的、管理集约化的、封闭内循环式的养鱼种菜共生系统新设计，特别适合于低气温条件下进行的周年温室生产，可以实现持续的蔬菜栽培与渔业养殖。

第二节 鱼菜共生的设施建造

鱼菜共生系统的主要设施，包括养殖部分、微生物处理部分（即过滤池部分）和种植部分。

一、养殖部分设施

无论哪种类型的鱼菜共生系统，养殖部分的设施基本相似。主要设施包括养殖池、循环管道、增氧系统三大部分。

1. 养殖池

有土池、水泥池、PVC大圆柱桶、简易的铁丝网围栏桶等。土池多用于深水浮筏式鱼菜共生系统，因此要求靠近水源，鱼菜共生系统中的常用水源包括管道自来水和井水，由于管道自来水常含有消毒药物，而井水水温低、含氧量低，因此均需暴晒和增氧后再用。湖泊、河流和水库水等可能携带非养殖生物和各种病原体，不适合直接作为鱼菜共生系统的用水，需经过滤和消毒后方可引入。水源水质符合渔业水质标准，水量充足。面积2～10亩为宜，不宜过大或过小。土质为壤土，能保水，水深1.5～2米。有独立的进排水设施。附近交通方便，电力充足。

水泥池面积可大可小，以方便管理为宜。上方设排水口、溢水口，底部设排水口、排污口，池底向排水口倾斜，便于排干池水。

室内集约化系统常用PVC大圆柱桶（图5-3），直径1～10米，深1～1.5米，底部为圆锥形，底部中央设排水管、排污管，上罩拦鱼网。

第五章 鱼菜共生

图 5-3　工厂化养殖桶

2. 循环管道

以养殖池为中心的循环管道，包括主水管和抽水管。注水管包括由外环境引入新水的和添加经过滤后水的两路管道，用三通合并由同一管道注入养殖池，在三通分叉处安装电磁阀，实现自动控制。当养殖池的水位低于极限水位时，自动开启电磁阀加入外源新水。当过渡池中经过滤的水达到一定水位后，就自动开启另一个电磁阀回抽过滤后的水。当然如果栽培床位置高于养殖桶，就任其自然回流也行，而且注水管最好和水面保持一定距离，采用溅落的方式入池，以提高水体的溶氧度。

抽水管是把池内的废水往基质硝化床抽灌的管道，它的入水口一般以伸至水池底部为好，可以抽出更多沉于底部的水体悬浮物。抽水管的启动与关闭也是受自动控制的。

气雾栽培循环系统主要包括进水的弥雾管道与回流或提水入池的管道，其中弥雾管道以一定的间隔安装雾化喷头，回流管道处于高位的水可以自然回流，处于养殖池低位的，则以动力抽水回流为主。

NFT 的循环模式，大多是以管道化栽培的方式进行立体的或平面的设计，它的循环管道较为简单，只需在一端从养殖池或过渡池中提水抽引到各栽培管道，流经栽培管道后，再从另一端流回养殖池，在流动循环过程中水体得以净化。

3. 增氧系统

增氧的设计有多种方式方法，其中最为简单的就是高位回流造成的水流冲溅增氧法。这种方法效率不高，但对于养殖密度不高的系统是一种最为简易的设计。

充气泵（或微泡管）增氧法，在养殖桶或池的底部均匀排放增氧气石（或微泡管），以实现气泡式的曝气培氧。这种方法传统简单，适用于气温特别高或天气变化导致低大气压的情况，这时水的饱和溶氧值低，难以达到高溶氧。

气液混合技术则是一项超饱和溶氧技术，它在回流水或提水入池的管道上分装一个气液混合泵，在回流过程中溶入微气泡的高压空气或氧气，可以使水体达到超饱和溶氧状态，对鱼及菜的生长起到了极为有效的促生长效果。

二、微生物处理设施

鱼菜共生系统的养殖废水，在进入种植系统前一般要先经微生物硝化过滤。硝化过滤法是在养殖水系中添加后置的硝化系统对水进行处理，将水中的元素转化为可被植物吸收的游离态，并将过滤完的水体补给蔬菜养殖区。在该方法中，将传统的植物种植区以及鱼类养殖区进行分离，将鱼类养殖区排出的富营养化的污染水体经过预处理单元，传至曝气区，使水体中的溶解氧达到微生物生长所需要的含量标准，再经过硝化床进行过滤。经过以上步骤处理的污水，水中的有机物被分解为适用于植物生长所需的游离状态，植物通过根部从水中吸收养分用于自身生长，而植物根部使用完之后的水体则会回到水产养殖池，从而构成一个完整的水循环。这一方式具有更高的资源利用率和更好的互作关系，更好地适应了鱼菜共生体系的规模化应用。

生物滤床有正滤和反滤两种过滤方法，有平面式滤床、立体阶梯式滤床和过滤桶等形式。常用的滤料有石英砂、砾石、生化棉、发泡炼石、火山岩、陶瓷环、尼龙网、毛刷、废弃蚝壳和陶粒等。对于有栽培基质的系统则不需要另外安装生化系统，因为栽培基质本身就是一个生化过滤器，但还是需要安装过滤器将固态杂质滤除，以免栽培基质内累积太多固态有机物，造成分解时产生有毒物及堵塞管路。过滤的方式有很多种，最简单的方式就是筛网，一定要经常清洗，避免阻塞。也可利用填充特殊材料的过滤桶来进行过滤。过滤系统大约能除去60%的固态排泄物，降低有机质在系统内的积累，对保持水质有极大的帮助。

三、种植部分设施

1. 基质栽培的设施

基质栽培的设施较简单，主要是高架设的栽培床（图5-4）。栽培床一般宽1.2米，长度由水体吨位决定，一般1吨养殖水需2.4米长的栽培床。栽培床的材质有PVC、强化塑料、保利龙（发泡性聚苯乙烯），或者用木板钉制、水泥修建再铺防水布等。栽培床最好设定稍高于养殖池的高度，跨架于养殖池上，以便循环回流。

在栽培床填充适合的颗粒物做为栽培基质，能较好支撑作物根系。在种植槽中所填充的颗粒物，必须同时具备机械支撑及生化分解的功能。如栽培蔬果类作物，基质厚度最好在30厘米左右，而栽培叶菜类作物时，基质厚度仅需15~20厘米。基质的选择以表面积大且透水透气的材质为主，酸碱度中性为佳。基质一般以豌豆大小的砾石为好，这种基质排水性及透气性好，水流顺畅，不会造成积水，不用担心植物缺氧，而且是最适合培育硝化菌的生态环境。但也存在承重大和施工工作量大的缺点。其它的基质材料还有火山岩（粒径8~20毫米）、发泡炼石（粒径8~20毫米）、鹅卵石、蛭石、椰纤、锯屑及稻壳等。有机基质易变质，一定要及时进行更

图 5-4 基质栽培

换移除，以免产生毒素。此外，在基质内养殖蚯蚓，不但有助于消耗多余有机质，还能提供额外养分供植物利用，而通过蚯蚓的生长状况也可了解基质的环境状态，如蚯蚓大量死亡提示基质可能排水异常，或基质内累积太多有毒物质。对于养殖密度高的系统，在栽培床入水口最好再设置一个固体沉积物过滤器，拦截一部分的固态杂质，避免阻塞栽培基质间的空隙。而固体沉积物过滤器要定期清洗，保持过滤功能。

栽培床常做成潮汐式系统（FAD，图 5-5），依据虹吸立管及钟形管开口高度，设定最高及最低水位，基质植床会根据水的深度形成干区、干湿区及湿区三种不同的区域，每层各有不同的微生物。在基质最上层的 2～5 厘米为干区，干区的主要作用是用以形成光屏障及避免太阳辐射直接对水和根系加温，对厌光的有益菌形成保护，也能避免真菌及有害菌类滋生。同时，也能降低干湿区水分的蒸发。干湿区位于干区下方，厚度为 10～20 厘米，大部分的生物活动包括有益菌的繁殖、根系的发展及微生物活动都集中在这个区域，植物及微生物能在此区域获得养分及水分。如在基质中加入蚯蚓，干湿区为其主要的活动区域，有助于分解鱼的排泄物及其他固体废物。湿区位于种植槽底部上方 3～5 厘米，维持在恒湿的状态,细小的颗粒及淤泥会累积在其中,因此也是矿化作用的主要区域。潮汐式灌溉可确保植物的根系有足够的水分、营养元素和空气,也能使基质保持湿润,让硝化菌活动繁衍。潮汐系统一般以每小时1～2次的频率运作。

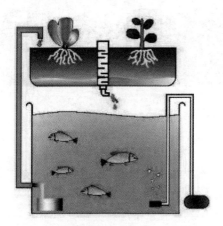

图5-5 潮汐式系统(FAD)示意图

在工厂化的设计中,为了使水循环的流程缩短,也便于种植系统的搭建,一般以养殖桶为节点,进行间隔性的设计,可以每隔3～5米设计一个1～2米^{3}的养殖桶,并构建高架式标准栽培床,这样可以大大加快循环水体的回流速度,以防积水,同样短距离的布局也可以更好利用栽培床比例坡度的设计。

2.(深水)浮筏栽培的设施

(深水)浮筏栽培系统的设施类似于一般浮筏式的水耕栽培系统(图5-6),主要构成是定植板和一个有进水口和出水口的栽培槽,定植板置于栽培槽内,作物栽于定植板上。栽培槽的材质有PVC、强化塑料、保利龙等,或者用木板钉制、水泥修建再铺防水布等。栽培槽的宽度须配合定植板,深度至少需30厘米。为改善栽培槽水体的溶氧量,可在槽内安放空气管并放置气泡石。

图 5-6 浮筏栽培床

3. 营养膜管道栽培设施

采用 PVC 管作为种植载体（图 5-7），营养丰富的水被抽到 PVC 管道中。植物通过定植篮的固定，种植于 PVC 管道上方的开口内，让自己的根吸收水分和营养。在具体实施时可以把养殖桶作为管道布设的支撑点，一排排整齐的管道按一定的比例均匀铺设于养殖池之上。管道上方以植物栽培间距打定植孔，管道间距一般以植物的株行距进行排列或打定植孔。循环系统从高位端进水，以灌溉毛管作为每根管道的进液管，并在每根管道排出水的尾端处架设一道集水槽或者规格较大的集水管，收集回流的水返还至养殖池，也可以直接返回养殖池。从原理来说，管道内只需保持 1.5 厘米/秒的水流并缓缓地间歇性循环即可，但从科学设计与实用性角度来说，最好于管内铺设有一定保水性的土工布或无纺布，作为根系发育的载体，让种于其上的植物根系在布上形成根垫，更利于过滤吸收，也大大增强系统对水循环的缓冲性，就是暂时停电也不会影响很大。另外，管内铺设布条，还能增强系统对水体中悬浮物的物理吸附作用，对整体微生物培养与硝化都极为有利。

也可以设计将养殖桶与栽培管道彻底分开，两个系统均独立密集排列，系统间通过管道和泵机连接在一起，实现养殖种菜的有机结合。

图 5-7　营养膜管道栽培

4. 气雾栽培设施

气雾栽培是最易实现空间立体设计的栽培模式，它把养殖废水经气雾喷射，让水体中的有害氨气与硫化氢、二氧化碳等气体挥发，更为重要的是能发挥植物庞大的根系表面积的吸收效率。所以说气雾栽培不仅仅是无土栽培技术中最为先进的模式，也是一种与工厂化养鱼结合后效率最高的鱼菜共生系统。

养殖废水雾化前必须先经过硝化床的基质过滤净化后方可引入雾化栽培系统，以免造成严重的喷头堵塞。所以气雾栽培的主要设施应包括生物滤床（或桶）、输水管道、雾化器和栽培槽。管道选材一般采用经济的 PVC 管，结实耐用，水泵是管道的动力来源，基本上功率宜大不宜小，以 4000~5000 瓦为佳。喷雾管一般选材为 25♯PVC 管，管上需安装"十"字弥雾喷头，用于均匀雾化。

种植槽材料可以选用不透光的挤塑板、亚克力板等，而种植面板选用设有均匀栽植孔的泡沫板，便于控制植物种植密度与养护管理。种植槽搭建的模式很多，目前生产上较为常用的有金字塔型、桶型、槽型、拱棚型等。

5. 水柱状的共生系统

水柱状的共生系统是养殖系统与种植系统不分离的，实际上是一个小型的直接漂浮鱼菜共生系统。它的种植系统包括栽植蔬菜的泡沫浮板和护根网。泡沫浮板设计成可拆卸组合的放射状梯形浮板，从观察窗向四周发散式组合，也可以是一体化的与圆桶相符但中心留观察口的泡沫浮板，其上安放定植板。护根网的主要作用是防止鱼啃食根系，所以一般于离桶沿20厘米处布设护根网笼。

第三节　鱼菜共生的管理

一、适于鱼菜共生的鱼类

适合在鱼菜共生系统中养殖的鱼类，没有什么特殊要求，一般滤食性、杂食性、草食性、肉食性的均可养殖。目前有报道的在鱼菜系统中养殖效果良好的鱼类有：鲤、鲫、鲢、鳙、草鱼、青鱼、罗非鱼、鲇、鲈、乌鳢、鲟、河鲀、朱文锦、金鱼、锦鲤、食蚊鱼、鳗鲡、虹鳟、鳕、太阳鱼、斑点叉尾鮰、大口黑鲈、本土石斑鱼等。有些系统中也会选择对虾类、克氏原螯虾、蟹类等，不过并不常见。

二、适于鱼菜共生的蔬菜

植物是鱼菜共生系统中废弃物资源化利用的关键，鱼菜共生系统中栽培的植物主要是叶类蔬菜和瓜果类。植株的选择同样有很多种，常见的水生蔬菜有慈姑、荸荠、菱角、蕹菜（俗名空心菜）等，用浮板种植生菜、蕹菜的比较多。另外，还有报道的、种植效果良好的蔬菜有番茄、辣椒、茄、莴笋、油麦菜、生菜、茼蒿、白菜、甘蓝、葱、南瓜、芥菜、西蓝花、洋葱、黄瓜、西葫芦、菠菜等；药用及观赏植物有罗勒、迷迭香、薄荷、柠檬草（俗名香茅）、牛筋草、马齿苋、绿萝、万寿菊、常春藤、万年青、富贵竹等。

三、鱼菜共生系统的管理

1. 养殖管理

鱼菜共生系统的养殖管理同普通的池塘养殖或工厂化养殖。

（1）购买苗种　要购买正规厂家的苗种，不从疫区购苗；苗种捕捞、运输操作要细心，轻手轻脚，避免鱼苗受伤；运输过程要仔细计划，避免意外。

（2）苗种放养　选择晴天微风或无风的清晨、上午，避开正午和傍晚；放养前苗种要消毒；放养前后水温差不要过大；放养苗种要体质健壮、体色鲜艳、规格整齐、无伤无病无残等。

（3）放养密度　要根据养殖对象的生理适应性、生长速度、养殖水平和预期产量等科学确定放养密度；土池养殖面积较大，要科学合理地混养，水泥池、玻璃钢或PVC养殖桶养殖都是单养一个品种。

（4）科学投饵　饵料要营养全面，优质量足。配合饲料粒径要与养殖鱼的口径相适应，天然饵料要经过消毒冲洗后方可投喂。日投饵量要根据鱼的生长发育阶段随时做出调整，还要根据水温、天气情况、鱼的摄食情况酌情增减。投饵要做到"定质、定量、定点、定时"。

（5）水质调控　保持水质清新，定期测量水质指标，保证水质符合各种鱼类的养殖要求，定期换水，及时补充新水，防止浮头，及时开增氧机，等等。

（6）预防疾病　养殖期间做到四消——鱼种消毒、饵料消毒、工具消毒、食场消毒；定期投喂药饵；经常巡池，发现病鱼，及时隔离、消毒。

（7）日常管理　加强日常巡查以及做好养殖档案管理（比如鱼苗的投放记录、饵料的投喂记录、吃食情况的记录、鱼病防治记录以及无害化处理记录和产品的销售记录等），观察鱼的生长情况。

2. 种植管理

鱼菜共生系统中蔬菜的无土栽培技术与单一的无土栽培技术相同。一般的养殖尾水中氨、氮及磷酸盐的含量较高,其他微量元素缺乏,因此在鱼的饲料配方中加入丰富的微量元素,可以解决水培蔬菜中缺乏微量元素的现象。当然阶段性的酸碱度调控也可以让一些元素得到补充。比如硝化过程造成水体的酸化,常产生不利于鱼生长的酸碱度环境,给水中加入氢氧化钙或者氢氧化钾,既提高了水体 pH 值,又增加了水体中钾与钙的含量。水培种植中值得注意的是缺铁而使蔬菜的生长受到抑制的情况,当遇到这种情况时,应该及时在水培水体中添加 2 毫克/升的螯合铁,这是目前解决蔬菜缺铁失绿症的主要方法。要定期对养殖和水培用水进行检测和观察,当养殖用水或水培用水的水质指标不利于鱼与植物的生长发育时,要及时进行调节。

蔬菜的水培技术是一种微生物参与营养代谢的过程,其分解效率对蔬菜的生长有着极大的影响,因此对微生物的管理也是一项非常关键的环节。微生物的存在可以提高蔬菜的抗性与活力,但也因元素的缺失而影响生长,所以大多数的蔬菜栽培以对营养要求相对较低的叶菜类为主,如果进行瓜果栽培需要补充营养与增施叶面肥。

日常的虫害管理,可以使用防虫网,还可以结合使用诱虫灯与黏虫黄色板,以诱杀为主。如果出现疾病暴发,也可以对气雾栽培的蔬菜进行生物药剂的喷雾防治,基质栽培与水培尽量避免使用药物,防止鱼中毒。除此以外也可以发挥无土栽培之优势进行蔬菜植物的间种或混种,把一些驱虫或抗虫的蔬菜与普通蔬菜混合栽培,达到生态防控的效果。

3. 计算机控制

大规模的鱼菜共生系统大多采用计算机管理生产。鱼菜管理计算机由主机及两路控制模块组成,主机是人机对话界面与专家系统软件平台，分控模块是对种植部分与养殖部分进行分区管理的智能终端，再就是各类传感器，如果进行远程监控，还需配备通讯模块与微机操作软件，达到远距离监控管理的目的。

4. 日常维护

鱼菜共生系统只要保持稳定的生态关系，日常的管理就极为简单，商业化工厂化的生产模式已经形成了一套规范化的管理操作及维护流程。

（1）基地巡视制度　自动化智能化的鱼菜生产系统运行中，常规的值班制度或巡视制度也必不可少。巡视制度要求随时观察与反馈基地的日常运行情况，如鱼及菜的生长情况、系统的运行情况、生产管理情况等，据此进行生产决策及技术改进，减少各种运行故障对生产造成的损失。

（2）水质的定期检测与在线控制管理　高密度养殖生物代谢快，排泄物和残渣积累快，水循环量大，各种水质因子的变化波动也常常较大，因此水质指标是要密切关注的重要参数，必须定期对水质指标进行测定，包括水温、溶氧量、pH值、氨、氮、硝酸盐、亚硝酸盐、硫化物、二氧化碳、电导率等。这些指标有些可以通过计算机的在线传感器获取，有些需要人工检测。当水质的变化不利于鱼或菜生长时，及时调控。

（3）停电时的应急措施　鱼菜共生基地必须根据基地用电量的大小配置相应的发电机，确保停电时及时开动发电机发电，避免造成损失。

（4）菜的管理　鱼菜共生中不仅仅是产量与质量的管理，更重要的是生态的管理，所谓生态管理，就是防治病虫害，尽量避免药物使用，要么采用物理隔绝与诱虫灯，要么采用天敌进行以虫治虫的防治，还可以采用人工捕杀的方法。只有这样才可以保证水体不污染，生产的产品品质优良、安全可靠。

收获的管理也要以生态平衡为首要，不能一次性全部收获，否则会使硝化过滤及净化功能破坏殆尽，而使水体水质恶化。所以商业化的生产场所，蔬菜栽培区最好划成三个区间，轮流播种，分批采收，每个区的采收期可以通过合理安排播种期来实现，每次采收后至少有大于2/3面积的菜是处于旺盛生长期，这样才能保持水体生态平衡的稳定。

生产期间，还要经常观察菜的生长情况，如生长速度、叶菜类的叶的颜色、根系的情况等，发现生长异常，及时采取补救措施。如叶片黄化，就必须考虑是否缺铁、锌之类的微量元素，如果生长慢，就要考虑水的肥度是不是不足，或者菜的密度是不是过大，进行灵活的调整。可以通过在鱼饲料配方中添加微量元素提供营养，也可以采用超声波雾化法进行气雾根系补充或者叶面补肥，或者通过调节养殖密度和菜的种类与面积，来调控菜的生长。

（5）微生物管理　　鱼菜共生体系中，培育繁殖水体有益微生物种群、抑制有害微生物的滋生是关键。构建良好稳定的微生物群落的方法是，对新建的硝化床（或桶）接种硝化菌或往水体中接种有益微生物。常用的有益菌群包括光合菌、乳酸菌、酵母菌、硝化菌等。一般每隔15～20天往水体接种人工培养的有益菌种。还要定期检查硝化床（或桶）的过滤水流是否顺畅，如有堵塞及时疏通。

（6）水生植物的管理　　鱼菜共生体系中，常常利用凤眼莲、浮萍类植物的净化作用，将水体中富营养化物质去除。但这些植物如果不加管理任其滋生，会消耗大量的水体溶氧导致鱼缺氧死亡。因此水体漂浮植物的栽培面积不得超过水面的1/3，最好采用框养法，限定其生长量，如超过或腐败，及时捞出。捞取的水生植物经发酵制成堆肥，是基质栽培植物的最好肥源，也可以提取堆肥液作为蔬菜植物根外追肥及水培或气培的营养液，这样就形成了水生植物处理水质的良性生态循环关系。

第六章 工厂化养鱼

工业化养鱼又称设施渔业,是利用机械、生物、化学和自动控制等现代技术装备起来的车间进行水生动植物集约化养殖的生产方式。在高密度的养殖条件下,根据水产养殖对象对环境的需要,利用人工技术控制其最适生长环境,供应其最佳营养,促使其在最佳条件下快速生长,实现标准化养殖,使水产养殖走上工业化的道路。

第一节 工业化养鱼概况

一、工业化养鱼的优点

相对于传统的池塘养鱼、稻田养鱼等养殖形式,工业化养鱼具有以下优点。

第一,水生动物在工厂化养殖条件下,水质、饵料等都处于最佳状况,其生长受外界环境的影响小,可全年生产,故缩短了养殖时间,或增加了养殖周期。例如南美白对虾,在我国自然条件下经育苗、放养,一年只能养一茬;而在工厂化设施的保证下,对虾的孵化可提前数月,成虾的养殖就可大大提前,一年可实现2~3茬养殖。而许多热带鱼类,可以在北方温室中实现全年无间断养殖生长。

第二,流动水体养鱼,提高了放养密度,从而使单位体积的鱼产量大大提高。

第三，采用循环水养鱼，水资源消耗少，养殖水通过净化处理，实现了循环利用，既能节水，又能减少养殖污水的排放，避免环境污染，属于环保型、可持续发展的产业。在国外设施渔业发达的国家，设施化循环生产系统已经能做到每天补水量仅为系统总水体的 5% 以下，与传统的流水养殖模式相比，可节水 90% 以上，养殖承载量可达 10 千克/米^2 以上。

第四，占地少，适用于城市、工矿和山区。

第五，可做到管理机械化和操作自动化，降低劳动强度，提高劳动者效能。

第六，设备投资较大，高精尖技术密集，管理与养殖要求高，养鱼成本较高，属于知识与资本密集型产业，因此通常用于附加值较高的名特优水产品的育苗和养成。

二、世界工业化养鱼发展的特点

国外工业化养鱼起源于 20 世纪 60 年代，近 30 年来得到了飞速发展。

1. 养鱼设施和技术日趋"高、新、精、尖"化

完善的设施渔业是集工厂化、机械化、信息化、自动化为一体的，应包括流水鱼池、水质监测与控制、水温调节、水中增氧、水体净化及自动投饵等专用设施。随着科学技术的飞速发展，国内外循环式工厂化养殖系统与科技的结合越来越紧密，从养殖池、自动化水质监控、物联网到经营，越来越多的高科技得到广泛应用。

在水处理技术方面，颗粒过滤、蛋白过滤、生物过滤等技术应用非常普遍；在加热系统方面，不用锅炉和地热，仅用鱼类在代谢过程中自身释放的热量增加水温的研究取得突破；微生态制剂净化水体已成为工厂化养鱼的惯例，市场上销售的产品有数百种，均为有益菌种和酶的复合体，用以去除水中的有机物质，加强水体（包括水和底质）的净化能力，清除有害物质，效果显著，这大大简化

了工业化养鱼的水处理设施。

在增氧系统，纯氧、液态氧、分子筛富氧、膜分离氧、气水混合器增氧等新型增氧手段得到推广；臭氧发生器的使用，不仅能使水体增氧，而且还具有杀菌消毒、脱色脱臭的作用；微孔曝气技术是目前应用最普遍的工厂化增氧技术。

生物工程育种技术的广泛应用，培养出了生长更快、抗病力更强的动物"三倍体""雄性化"品种，大大提高了养殖成活率和鱼产量。

自动投饵机的使用，实现了精准投喂，饵料系数已低于1。

通过"物联网"，工厂化养鱼采用非电量电测技术，用探头（传感器）定时测定水中的水温、溶氧量、pH、氨氮含量、氧化还原电势、电导率等参数，并自动输入电脑处理；与此同时，还可与增氧机、气泵、水泵联通，根据鱼类的最适生长环境要求，设定各环境参数的上限、下限，当环境参数的变动值超过此限度，电脑即自动报警，并自动打开环境控制系统，及时开增氧机或换水，实现了水质因子的自动监测与调控。

工厂化养鱼还可以采用电脑就不同养殖鱼类在不同规格、不同流量条件下的放养密度、投饵量、饲料配方、生长时间等参数进行多因子分析，并编制出各养殖对象的最佳化饲养程序；在经营上，运用因特网的市场信息及预测大数据，编制生产计划，指导生产，大大提高了生产效率和利润。

2. 工业化养鱼日趋普及化

循环式水产养殖模式开始于20世纪60年代。最初具有代表性的是日本的鳗鱼生产企业、生物包静水生产系统和欧洲组装式多级静水系统，但是由于工艺流程太长、设备过于烦琐、投资大、耗能大等原因未能推广。此后澳大利亚出现了一体化循环式工厂化养鱼模式，将养鱼池和水处理系统组成独立的单元，并构建保温设施。近年来，一系列先进养殖和水处理技术、设备的开发利用，促进了循环式工厂化生产模式的迅速发展。目前在欧洲等部分发达国家，在商业化的成鱼和育苗系统已经基本全部采用循环式工厂化生产模式。随着各种高新科技的发展，国外一些先进的水产企业目前正在研发新一代工厂化养殖模式，并向全程智能化、自动化发展。

3. 工业化养鱼已日趋大型化

工业化养鱼投资大，小型养鱼工厂，往往容易亏本。只有大规模经营，经济效益才能相对提高。因此，目前国内外工厂化养鱼从起步阶段就走集约化规模化发展路线，投资动辄数千万元，甚至上亿。

4. 工业化养鱼行业已经产业化

在发达国家，工业化养鱼行业从设计、研究、制造、安装、产前产后服务、银行、保险、治安、保卫、信息都形成网络，形成一个新的知识产业。该产业围绕工业化养鱼，分别形成上游、下游产业群体，有的正形成新的集团甚至跨国集团。在西方发达国家，工业化养鱼企业已不属于风险企业，其保险公司可接受承包，包产量并负责生产与物业管理。

我国的工业化养鱼起步虽较早，但养殖设施落后，规模小而全，养殖种类较单一，养殖技术落后于发达国家。随着我国工业的发展和人民生活水平的提高，工业化养鱼将越来越受到重视。

第二节　工业化养鱼的主要类型与主要设施

工业化养鱼有四种主要类型：自流水式养殖、开放式循环流水养殖、封闭式循环流水养殖和温流水式养殖等。

一、工业化养鱼的主要类型

1. 自流水式养殖

自流水式的养鱼是利用天然地势差形成的水位落差，使水从高往低处自然流经鱼池,无需动力。例如,山间溪流边建流水鱼池,在水库大坝下建流水鱼池,在引水下山灌溉的水渠边建鱼池,使水自然流经鱼池,都属于此类。这种类型鱼池设备简单,建造成本低,但易受气候、地理条件的限制,是工业化养鱼的最原始种类。

2. 开放式循环流水式养殖

开放式循环流水养殖是采用天然水体作为蓄水池兼净化池,用水泵抽水进入养鱼池,使用后的水从排水口排出或仍然回到原水体,整个系统始终与外界天然水体相连,因此为开放式。该类型鱼池技术要求较低,设备简单,施工容易,但也容易受外界水源环境影响。

3. 封闭式循环流水式养殖

封闭式循环流水养鱼的用水来自天然水体(海水、河水、湖水、水库水或地下水),引入水经专门的水处理设施(包括沉淀、过滤、净化、消毒等措施)处理后方可进入养殖池,用后的水再重新进入沉淀池、过滤池,再处理再利用,循环往复。该系统设备投资大,技术要求高。该类型向完善工业化养鱼又前进了一大步,可做到人工控制水环境。

4. 温流水式养殖

温流水式养殖又可分为开放式和封闭式二类。开放式的水源是温泉水或工厂余热水,其温水水量必须充足,用过的水不再重复使用。封闭式温流水养鱼技术要求较高,尤以水体温控、净化处理最为突出,但其生产效果较好,是现代化养鱼发展的主要类型。

二、工业化养鱼设施

工业化养鱼设施主要包括养鱼车间(温室)、养鱼池系统、进排水系统、水处理系统、供热系统、增氧系统、供电系统及附属设施等。

1. 养殖工场选址与设计

工业化养鱼场的主体是养鱼车间。场址条件的优劣不仅影响养殖生产和经营的成败,而且也决定了建设工程的难易和投资的数量,因此在选址时不能掉以轻心,必须在技术和经济上通盘考虑,应多选几个地点进行勘察比较,从中优选出最优方案。选址时,着重应考虑以下几点。

(1) 场址　工业化养殖场应选择靠近水源、交通方便、供电充足、配套设施齐全的地点,最好能靠近有温泉、地热的地区或有余热的工厂(如炼钢厂、轧钢厂、热电厂等)。周围环境要求背风向阳,地形空阔,空气流通,光照充足,环境安静,无车马喧嚣,地势要平坦。工厂化生产鲑鳟等冷水性鱼类,最好邻近冷水泉或深水湖泊、水库。

(2) 水源　水源可以是海水、湖水、河水、水库水或地下水。首先要求无污染或潜在污染源;其次水质必须符合渔业用水标准;最后要求水量充沛,日供水量能达到养殖水体的2~3倍以上。地下水一般无污染,全年温度较稳定,透明度高,但地下水含氧量低,必须经过曝气后才能使用;含铁量高的地下水必须先经增氧机曝气,再经沉淀池沉淀后方能应用;有的地下水还含有硫、砷等矿物质,因此如用地下水作为水源,应进行水质分析后再确定能否应用。

(3) 土质　建造养鱼车间的土质要求硬实,以降低温室基础造价。对于室外池塘,土质要求为壤土(含砂土62%~75%、黏土25%~37%)。壤土既能保水,又能排干,是养鱼池最适的土质。

(4) 设计　养殖场设计应兼顾生产和生活,合理规划生产区、办公区和生活区,各区域规划的比例和相对位置应合理,各区间应保持合理距离,尤其是生产区应远离办公和生活区,避免污染和干扰。场区主干道、停车位等交通设施布局科学,便于生产资料和养殖产品装卸、进出。场区内进排水管道、高低压线路、暖通、通信等线路应统筹考虑分布和主次。

2. 温室结构

现代化的养殖企业为确保鱼类全年在最适温度下生长，养鱼车间均采用温室控温。因此养鱼车间即为养殖温室。

目前，国内外养鱼温室主要有两种：塑料大棚温室和砖混结构温室。无论使用哪类温室，在设计上都要求：能保温、保湿，空气流通，光照充足，温室的透光率为50％以上。

（1）塑料大棚型温室　塑料大棚用镀锌管、空心钢管或竹木等材料支成拱形或屋脊形骨架，外覆盖双层塑料薄膜，薄膜外挂能升降的稻草帘或棉布帘。塑料大棚按其建筑形式可分为：

① 单栋大棚　有拱圆形和屋脊形两种。一般跨度为9～15米，长30～40米。见图6-1。

图6-1　单栋拱圆形塑料大棚

② 连栋大棚　以两栋或两栋以上的拱圆形或屋脊形单栋大棚连接而成，单栋棚的跨度为9～15米。见图6-2。

为了加强保温效果，温室外覆的塑料薄膜必须为两层，两层之间相隔15～30厘米，以降低冷热气流的传导、辐射对流现象。

为了温室通风，两长边要开设一定数量的通风口。通风口也要覆盖双层薄膜。

（2）砖混结构温室　该温室多为一层结构（也有多层池的，如稚、幼鳖池），长方形，也分单栋大棚和连栋大棚（单跨或多跨），

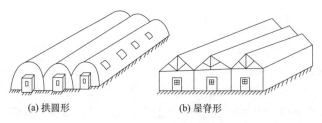

(a) 拱圆形　　　　　　　(b) 屋脊形

图 6-2　连栋塑料大棚

每跨间距 9～15 米，建筑物长度通常不超过 50 米。车间墙体高度可在 2～2.5 米之间，车间四周为水泥砖混墙体，外墙厚 24 厘米，屋顶采用三角尖顶或拱形结构，目前拱形结构较为普遍，屋顶为钢架、木架或钢木混合架，棚顶透光或者不透光（根据养殖品种需求），顶面为彩钢板、石棉瓦、EPS（可发性聚苯乙烯）高密度泡沫板块、玻璃钢瓦、钢化玻璃或塑料薄膜，具有一定保温性能。车间采光可通过屋顶设透明带或墙体开窗。养殖车间应结构牢固，根据地域特点采取通风、防压、防雷、防积雪、防大风等措施。

温室东墙、西墙和北墙均不设窗，东墙和西墙上端安置 2～3 个排气风扇。在南墙上开窗，窗户为双层结构，材料用杉木涂刷桐油。其采光面积为墙面的 1/20～1/10。窗户上端外墙应预埋一槽钢，供架设塑料大棚用。窗台标高应高出下层培育池顶 20～30 厘米。在南墙下端安置 3～4 个排气风扇。

3. 养鱼池系统

（1）养鱼池　养鱼池常用的有水泥池和玻璃钢池，地上池或半地下池，鱼池的形状有方形、长方形、圆形、椭圆形、八角形和环道形等。按水流转动流畅、排污清洁彻底和地面利用率高的原则设计，以圆形和方形去角为宜。

养殖池面积为 30～50 米^2，深度为 60～100 厘米，养鱼池池底呈锥状，坡度为 3％～10％，池中央最低处设置排水口，排水口安装多孔排水管，呈倒喇叭形与地下的排水管、排污管相连，出水口装嵌帽顶状立式拦鱼网罩。若养殖活动量大的鱼类，养殖面积和深度可适当增大。

工业化养鱼的进水方式有表层进水和底层进水两种,目前常用的是表层进水方式。表层进水又可分为溢水式、直射式、散射式、水帘式等进水方式。

① 溢水式　采用开放的进水槽横架于池顶上方,或沿着池壁围建成环形进水槽,槽侧具小闸门,水由此处流入池内。在进水槽口设置拦鱼设备,以防止鱼逃入进水沟中。由于进水是明沟,水流已失去冲力,池内水质往往不均匀,也不利于集污和排污。该进水方式的优点是施工简单,使用水泥槽或木槽即可,而其余各进水方式均需管道输送。

② 直射式　圆形鱼池的进水管横架于池顶上方,在进水横管的前后半段上各设一排数目相等而方向相反的射水孔;或沿池壁设环形进水管,在进水管沿切线方向设若干鸭嘴状喷管,管上有若干射水孔。水由射水孔直接射向水面。长方形鱼池进水口开设在长轴一端,与另一端的出水口相对。这种进水方式能使池水形成旋转式水流,这有利于集污和排污,且池内水质较均匀。该进水方式的缺点是不能任意加大流量。

③ 散射式　为解决直射式的缺点,可将进水横管的射水孔改成乱向排列,环形进水管的射水孔向池中央上空喷射,使进水射向空中再散落到池内。这样就不会形成流速太大、方向一致的水流,同时又有曝气增氧的作用。但由于不能形成旋转水流,不利于集污和排污。为此,可增设能形成旋流的进水管,临时用于集污、排污。该进水方式可用于长方形鱼池,以弥补长池一端进水造成水质不均匀的弊病。

④ 水帘式　进水管沿鱼池四周形成环管,在环管上密布一圈喷孔,使水向池中央上空呈抛物线状喷出并交织在一起形成水帘。该方式进水的优点是具有较好的曝气增氧效果,缺点是影响鱼类在水面摄食,也不便于观察鱼群的活动情况。

上述进水方式各有特点,在实际使用中可同时采用几种方式,以取长补短。

(2) 流水鱼池的排水、排污系统　生产上，工厂化鱼池的排水和排污是同一个管道。排水、排污系统主要有以下四种形式。

① 直排式　在锥形池底最低处设排水、排污管，管上端设拦鱼网罩，下端安装阀门，以阀门开闭大小来控制水位。并在池壁水位高处开设嵌有滤水窗的溢水管，一旦水位过高，可由此处溢出而避免水满池而逃鱼。这种排水、排污方式的取材容易，施工简单，但缺点也明显：a. 鱼池内外水位落差大，排水时压力大，鱼体容易贴在拦鱼罩上而受伤，特别是苗种阶段；b. 出水流量受鱼池内进水量和水位高低影响，故很不稳定，也不易控制；c. 出水阀门容易堵塞、锈蚀或损坏。生产上均采用自来水阀门作为出水阀，由于养鱼废水杂质多，极易造成阀门堵塞，而且金属阀门容易锈蚀，造成开启困难，工程塑料阀门开启时也易受力不均而损坏。因此生产上已很少采用直排式出水。

② 闸板式　在池中心排水口两侧对立两个断面为半圆形的水泥柱，水泥柱的内侧面各有三道相对的闸槽（槽间距约10厘米），最外一道闸槽安装拦鱼网笆，中间的闸槽安插外闸板，最里面一道安插内闸板。外闸板上端高出水面，下端离池低10厘米；内闸板上端低于水面30厘米，下端直达池底，利用内外闸板控制水位。池水通过网笆，流经外闸板下端的缝隙，向上越过内闸板顶端，而后落下进入排水、排污管。由于内闸板低于水面，这一水位差形成一股吸力，将旋转式水流引到池中心的污物与池水一起吸入闸内排出。该方式的缺点是占用了养鱼水体。

③ 套管式　内外套管直立于池中心的排水、排污口上方，内管低于水面而直达池底，外管高出水面而下端距池底有一缝隙，缝隙设有拦鱼网。套管式的排水方式与闸板式相同，其优点是占用养鱼水体比闸板式小，故往往在面积较小的流水鱼池中应用。

④ 倒管式　在池中心的排水、排污口上安置拦鱼网罩。为防止堵塞，网罩的表面积设计得较大。排水、排污管由池底伸出池外后，先安装一"1"形接头，该接头能左右转动，再在其上端接一PVC管，长度与最高水位相等。

鱼池中的污水经拦鱼网进入池底排水、排污管后，向上经倒管溢出池外。这种排水方式的优点是：a. 平时采用溢水式排水，水位落差小，拦鱼网罩不会产生贴鱼、贴苗现象；b. 流水鱼池的水位可以任意调节，只需将倒管倾斜成一定角度即可，而且水位可始终保持稳定；c. 排污时，只需将倒管放倒（与地平面呈－5°角），即可排污；d. 无阀门，水流通畅，不会堵塞；e. 设施简单，成本低，占地面积小。目前工业化养鱼大多采用该种排水方式。但倒水管的口径必须合适，即使在流水池最大流量时，倒水管仍能正常排水，不致因排水不畅而满池。

（3）拦鱼设备　工业化养鱼的拦鱼设备均采用滤网。滤网材料有竹箔、栅箔、网片、尼龙筛绢等，最好用塑料、不锈钢制成的栅箔或网片。

拦鱼设备的结构有片状、筒状和钟罩状。片状滤网面积较大，用在出水口前方，可防止从上出水口和下出水口逃鱼。网身从上到下根据鱼池面积设置1～4片。为便于在运行中抽换，加以清洗，可在同一滤口安插两块。筒状滤网插在鱼池中央排水口上，上端露出水面。钟罩状滤网用于池底，覆盖在排水口上。

滤网面积大小直接关系到出水量的大小和流速。滤网面积小，出水流速加快，网片上受到的冲力和压力较大，单位面积上通过的有机物较多，容易发生堵塞和损坏。通常滤网的面积不小于鱼池横断面的1/3～1/2。

（4）室内排水沟　室内排水沟通常设计在中央通道下方，沟底比鱼池底低20厘米左右，比排水口水平面高10～20厘米，沟面铺设水泥板，方便人通行。

4. 给排水及水处理系统

给排水及水处理系统的流程见图6-3。主要包括以下设施。

（1）蓄水池　可用土池，以方形为宜，应能完全排干，蓄水量应大于温室最大换水量的2～3倍，平均水深2米。

（2）沉淀池　沉淀池可选用土池，四周用水泥板护坡，根据养

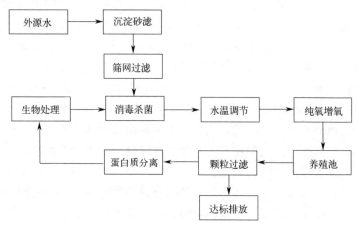

图 6-3 给排水及水处理系统

殖池面积和养殖期间换水量确定沉淀池大小,面积为养殖池总面积的 10%～20%,水深 2 米左右。

(3) 水处理设施

① 微滤机 大多采用不锈钢微滤机进行颗粒过滤。水流经微滤机,将残饵、粪便等固体和高浓度的杂物分离出去。常用微滤机过滤面积一般为 5～20 米^2,过滤精度 6～250 目,处理水量 250～500 米^3/时,配备动力为 1.1～4 千瓦。

② 筛网过滤 即在循环水泵前端安装固定式筛网过滤器,筛网一般用尼龙、不锈钢等材料制成,网目以 150 目为宜,筛网须定时冲洗或刷洗,以保持水流畅通。

③ 蛋白质分离器 可以在水面产生气泡,气泡表面能够吸附水中的各种颗粒状污垢以及溶于水中的蛋白质,将微滤机无法分离的悬浮物及胶质蛋白等细小杂质分离出去。蛋白质分离器入水直径一般为 32～160 毫米,出水直径为 63～250 毫米,流量为 5～130 米^3/时。

④ 生物处理 生物滤池的容水量一般为养殖池的 2～3 倍,多为浸没式,由多级串联而成。通常设正滤池和反滤池。生物填料采

用阶梯式生物料 1∶200，用量为 200 米³，滤池表面积大于养殖系统的生物承载量的 25% 左右。

生物滤池应在使用前 30～40 天加水进行内循环运转，接种活菌制剂或培养野生菌种，使滤料上形成明胶状生物膜。

在生物处理的同时可曝气，驱除水中的二氧化碳和氮气等有害气体。

⑤ 消毒杀菌　紫外线杀菌采用渠道式装置，其杀菌效果受水体透明度和水深的双重影响，当循环水的可见度很低时，杀菌效率也较低。紫外线杀菌时最有效波长为 240 微米，一般选波长为 240～280 微米的灯管即可。

同时安装臭氧发生器，产量范围为 2.5～65 克/时，并辅助添置臭氧流量计，保证臭氧的投入浓度为 0.08～0.20 毫克/升，治疗浓度 1.0～1.5 毫克/升。

⑥ 沉淀砂滤　常采用多介质过滤器或活性炭过滤器进行沉砂过滤。常用规格为 Φ200～3200 毫米，过滤水量为 0.1～100 吨/时；可选材质有玻璃钢、碳钢和不锈钢；控制方式为手动或自动调节。

（4）加温池　水泥池，容量为整个温室最大水量的 5%～10%，池底和四壁外侧铺置隔热保温层。池内设置蒸汽回形管，加热池水，并安装温控仪器。池边安置泵房，可将温水送入温室各培育池。池顶加盖，以防热量散失。

5. 温控设施

加温采用卧式快装蒸汽锅炉、板式换热器或蒸汽回形管供热。锅炉用水必须经过处理，使水质符合锅炉用水的标准。为使气温高于水温，温室沿内墙四周设板式换热器作为散热装置，以使气温上升。锅炉专门引出的蒸汽回形管或热水管进入加温池，以加热养殖用水。板式换热器最高使用压力为 2.5 兆帕，使用温度为 -19～250℃，最大处理量（液体/气体）为 30/300～1200/12000，传热系数 K 为 3000～6000 瓦/(米²·℃)。

工厂化养殖鲑、鳟等冷水性鱼类,还要配备冷却水设施。冷水机制冷量为($7.91 \sim 168.5$)$\times 10^3$千卡/时,相应的水箱容积为$50 \sim 700$升,水泵功率为$0.35 \sim 7.5$千瓦,冷却水流量为$1.9 \sim 40.5$米^3/时。采用比例式数字控温器和电动调节阀来控制冷媒、热媒的流量。

6. 增氧系统

养殖池采用罗茨鼓风机、高效溶氧器制氧和送气。罗茨鼓风机常见功率为$2.2 \sim 8.8$千瓦;高效溶氧器,常见流量$300 \sim 600$米^3/时,常用功率为$2.2 \sim 4.4$千瓦,采用罐装液氧进行循环充氧,将溶氧量控制在$8 \sim 12$毫克/升,可有效保持养殖鱼类的快速生长。

也可选用2台XGB型、泵号为9号的旋涡气泵(其中一台备用,轮流运转),电机功率为1.5千瓦,最大送气量为130米^3/时。充气泵可安置在南墙上端的塑料大棚内,以便及时将氧含量高的热空气输入温室。

加温池可用2台0.18千瓦的微型叶轮式增氧机增氧,同时加热。通过增氧机搅拌,可使加热池内的温度均衡,有利于调节加热池的水温。

7. 供电系统

养鱼温室随时用电,因此电力设备是建设重点之一。配电室应设在离生产区最近的安全地点,低压配电装置及线路设计参照GB 50054—2011《低压配电设计规范》的要求进行。配电室的避雷器接地装置应符合SDJ8—79《电力设备接地设计技术规程》的要求,各用电设备的金属外壳应采取接零或接地措施,远离配电室的低压进户线处,零线要重复接地,接地电阻不大于10欧姆。

配电室内应具备低压总配电屏及其他分配电屏。低压总配电屏与备用发电机组控制屏必须设有连锁装置,并有明显的离合表示。温室、水泵房、孵化室内湿度大,电器设备与线路必须做到防水、防潮。照明和采光一般用瓷防水灯具或密封式灯具,一个回路不宜超过 20 盏灯，各回路应设保护装置。

应配备相应的发电机组，避免停电时无法正常生产。备用发电机的功率，应根据该场重点用电设备的容量确定。

8. 监控系统

智能化温室要求能自动监测水温、pH 值、电导率与溶氧量等水质指标，该设备已在国内外较大的工厂化养殖场得到了广泛应用。监控系统主要包括温度监控、湿度监控、照度监控、溶氧监控、pH 自动监测、COD（化学需氧量）自动监测和氨氮自动监测等，但在小型养殖场还仅限于温度自监测一项。

第三节　工业化养鱼的饲养管理

一、养殖鱼类的选择

工厂化养鱼投资大、养殖成本高，用于常规鱼类生产得不偿失。只有用于那些市场短缺又需求量大、价格高、利润高的名特优水产品，才能获得可观的经济效益，从而保证生产的稳定和可持续发展。

目前国内常采用工厂化养殖的淡水水产品有淡水石斑鱼、美洲鲥、银鼓鱼（学名：多纹钱蝶鱼）、笋壳鱼（学名：云斑尖塘鳢）、南美白对虾（学名：凡纳滨对虾）、彩虹鲷、宝石鲈（学名：高体革鯻）、鳗鲡、光唇鱼、暗纹东方鲀、鲑鳟鱼类（包括虹鳟、陆封型马苏大麻哈鱼、细鳞鲑、红点鲑等）、鲟、鳜、墨瑞鳕、加州鲈等。过去常见的鳖、罗非鱼等水产品都由于市场的原因退出了工厂化养殖行列。

二、养殖池的放养密度

养殖池的放养密度可根据其系统容纳密度酌情增减。从放养开始至生长成商品成鱼上市这一阶段中任何指定时间下的密度，称为容纳密度。容纳密度随着鱼类的生长而逐渐增大，到长至起捕规格时，达到最大值。

容纳密度又可分为表观容纳密度和系统容纳密度两类。表观容纳密度即养鱼水体可容纳鱼类的质量，这是可以用肉眼或实地直接观测到的。其计算方法是：

表观容纳密度（千克/米^3）＝鱼体总量（千克）÷养鱼池水体总量（米^3）

实际上，鱼类的生长条件不仅仅是饲养水域内所容纳的那些水体所提供的，而是整个养鱼系统中的水体所提供的。如单以鱼池纳密度来表示鱼池的生产力，就不足以反映养鱼数量和整个系统的关系。故整个系统的生产力应采用系统容纳密度，即采用总容纳量来表示，以便确切地表示整个工业化养鱼水体中实际的养鱼量，也可称实效容纳密度。其计算方法是：

系统容纳密度（千克/米^3）＝鱼体总量（千克）÷循环用水总量（米^3）

在工业化养鱼系统中，系统容纳密度越高，说明该系统的设计和管理技术水平越高。如德国的先进工业化养鱼设施，用 80 米^3 的循环水，可生产 50000 千克鲟鱼，系统容纳大西洋鲟（别名：尖吻鲟）密度已达 600～650 千克/米^3。我国大型工业化养鱼的最高系统容纳罗非鱼的密度为 126 千克/米^3。

三、养殖管理

1. 苗种放养

放养应选择体色光洁、体质健壮、规格整齐、无伤无病无残的苗种。放养前的苗种需经消毒，苗种入池水温和运输水温温差应在 2℃以内，盐度差应在 0.5％以内。

2. 水质管理

水质自动监测装置监测 pH 值、水温、DO 值、电导率，监测周期为 1 小时，即每小时监测一遍，全部程序由一台 OMRON 程

序控制器来完成，可根据需要配置电脑和打印机。应根据养殖鱼类的要求制定相应的监测指标并输入计算机，一旦超过指标，自动报警。

除自动监测指标外，还定期测定盐度、COD、非离子氨、硝酸盐、亚硝酸盐、磷酸盐等水质参数，将各项指标控制在适宜养殖鱼生长的范围内。经常检查生物过滤池生物膜的微生物组成，统计主要微生物的世代变化周期，确定补充菌种的添加种类和数量。

养殖水深控制在 50～100 厘米，日换水量控制在总水量的 10%～15%之间，如已经发生轻微恶化时，应把补充水的交换量提高到 20%以上；如水质恶化较严重，则应补充大量的新鲜水，在 1～2 天以内用新鲜水逐渐取代整个系统中的全部污水。当水温高于 25℃并无法降温时，换水量要达到 10 次/天以上，并采取加大纯氧供给量的措施，使氧气饱和度达到 100%～150%。

及时排污，通常每天排污 1～2 次。在生长旺季，需增加排污次数。要尽量避免池内积污，以降低耗氧量，改善水质。

注意调节水流量。在生长后期，池水溶氧量容易偏低，此时应加大流量；在摄食旺季要加大流量；随着鱼体增重，流量也需逐步增加。

3. 光照控制

不同鱼类、不同生长发育阶段对光线的需求不同。应据此进行调节。

4. 饲料投喂

在工厂化养鱼中鱼类营养全靠商品饲料，对于饲料的性状和投喂方式都有严格的要求。饲料要营养全面，符合养殖鱼类的营养需求，配合饲料的安全卫生指标应符合 NY 5072—2002、SC/T 2006—2001 和 SC/T 2031—2020 等的规定。饲料的形状、大小、黏结度应与不同种类、不同年龄阶段的养殖鱼相适应。

投饲量根据气候、水温及鱼的摄食情况确定，以不出现残饵为原则。配合饲料日投饲量由幼鱼体重的 5%～8% 逐渐减少至成体体重的 1%～3%。投饲次数由养殖初期每日 3～5 次减少到后期每日 2 次。发现摄食不良时，应查明原因，减少投饲次数及投饲量。人工投喂时，一般投于出水口前部，要求撒得均匀，对密集鱼群外围的个体，要适当给予照顾。投喂以后 10 分钟，观察池底，检查有无剩余。

每天投饵完毕，要拔掉排污管，迅速降低水位，并使池水快速旋转，以此彻底改良水质，并带走池底当天的污物和残饵。

5. 日常管理

完善的工业化养鱼，日常管理工作已全部或部分地机械化、信息化和自动化。我国目前养鱼的工业化水平还较低，在日常管理体制中需要做以下工作：适量适时投饵，灵活掌握投饵量，做到合理投喂；随时注意流水鱼池的进水情况，及时发现并处理水路堵塞和因停电等造成的故障；注意水质变化，定时测定鱼池和滤池的水质指标，包括水温、pH、溶氧、COD、总氨、NO_3^- 等，防止水质突变；经常注意观察鱼类活动情况和摄食强度，有何鱼病征兆，是否浮头等，发现异常，及时处理；经常检查拦鱼设备、滤网是否破损，是否有逃鱼现象，发现破损，及时修补；定期抽样检查鱼体增长情况和饵料利用率，及时根据鱼的摄食和生长情况，做出相应决策；做好各项记录，及时汇总并进行综合分析，确定某一生产环节的调整措施。

6. 病害防治

工厂化养鱼放养密度大，水质变化快，容易发生各种鱼病。因此，在生产前，就要做出防治鱼病的各项预案，尤其是制定并认真实施各项预防措施，以预防为主，狠抓管理。

放养的鱼苗最好是免疫鱼苗；平时维持良好水质，特别注意将 DO 值、水温、pH 值等控制在适宜范围内；进入车间的各种工具设备都要消毒、冲洗后使用；发现病害应及时隔离，对病体进行解

剖分析、显微镜观察，分析原因并进行针对性治疗；发现病鱼、死鱼及时隔离、掩埋处理，勿使其传染，发病鱼池及时消毒、隔离；换水时注意前后水温温差不能超过3℃；等等。

在车间门口处建消毒池，人员进出车间时随时消毒。对使用的工具应及时严格消毒，操作宜轻快，避免对养殖对象的机械损伤。

第七章 鱼病防治

第一节 鱼类患病的原因和鱼病的预防

一、鱼类患病的原因

鱼类患病是鱼体与其生活的水环境不协调的结果。一方面鱼体质差、抗病力弱；另一方面，水体不适合鱼类生活，存在危害鱼类的病原体。

1. 环境因素

（1）物理因素　主要为温度和透明度。一般随着温度升高，透明度降低，病原体的繁殖速度加快，鱼病发生率呈上升趋势，但个别喜低温的病原体除外，如水霉菌、水型点状假单胞菌（竖鳞病病原）等。

（2）化学因素　水化学指标是水质好坏的主要标志，也是影响鱼病发生的最主要因素。在养殖池塘中主要为溶氧量、pH值和氨态氮含量，在溶氧量充足（每升4毫克以上）、pH值适宜（7.5～8.5）、氨态氮含量较低（每升0.2毫克以下）时，鱼病的发生率较低，反之鱼病的发生率高。如在缺氧时鱼体极易感染烂鳃病，pH值低于7时极易感染各种细菌病，氨态氮含量高时极易发生暴发性出血病。

（3）池塘条件　主要指池塘大小和底质。一般较小的池塘温度和水质变化都较大，鱼病的发生率较大池塘高。底质为草炭质的池塘 pH 值一般较低，有利于病原体的繁殖，鱼病的发生率较高。底泥厚的池塘，病原体含量高，有毒有害的化学指标一般也较高，因而也容易发生鱼病。

2. 生物因素

与鱼病发生率关系较大的为浮游生物和病原体生物。常将浮游植物过多或种类不好（如蓝藻、裸藻过多）作为水质恶化的标志。这种水体鱼病的发生率较高。病原体生物含量较高时，鱼病的感染机会增加。同时中间宿主的数量多少，也直接影响相应疾病（如桡足类会传播绦虫病）的传播速度。另外，还有些生物，如水鸟、蛙类、凶猛鱼类、水生昆虫、水螅、藻类等，它们直接吞食或间接危害鱼类，成为鱼类的敌害生物。

3. 人为因素

在精养池塘，人为因素的加入大大加速了鱼病的发生，如放养密度过大、大量投喂人工饲料、机械性操作等，都使鱼病的发生率大幅度提高，所以精养池塘的防病、治病工作也更为重要。

4. 发病鱼的体质因素

鱼的体质是影响鱼病发生的内在因素，也是影响鱼病发生的根本原因，而影响鱼体质的因素主要为品种和营养状况。一般杂交的品种较纯种抗病力强，当地品种较引进品种抗病力强。体质好的鱼类各种器官机能良好，对疾病的免疫力、抵抗力都很强，鱼病的发生率较低。鱼类体质也与饲料的营养密切相关，当鱼类的饲料充足，营养平衡时，鱼体质健壮，较少得病，反之鱼的体质较差，免疫力降低，对各种病原体的抵御能力下降，极易感染而发病。同时在营养不均衡时，又可直接导致各种营养性疾病的发生，如塌鳃、脂肪肝等。有时由于拉网、运输操作不当，致使鱼体受伤严重，一时难以恢复，病菌乘虚而入，使鱼得病。另外，有的鱼类对某种病原体特别敏感，很容易患该病原体引起的鱼病，如草鱼易得烂鳃病，鲢、鳙易患打印病，鲤易患竖鳞病；等等。

二、鱼病的预防

鱼生活在水中，人们不易察觉它们的活动，一旦生病，及时准确地诊断比较困难，治疗起来也比较麻烦，基本上都是群体治疗。内服药一般只能让鱼主动吃入，而当病情比较严重时，鱼已经失去食欲，即使有特效药物，也达不到治疗的效果，尚能吃食的病鱼，由于抢食能力差往往也吃不到足够的药量而影响疗效。体外用药一般只采用全池泼洒或药浴的方法，这仅适用于小水体，而对大面积的湖泊、河流及水库就难以应用。多年的实践证明，只有贯彻"全面治疗，积极预防，以防为主，防重于治"的方针，采取"无病先防，有病早治"的策略，才能达到减少或避免鱼病发生的目的。

在预防措施上，既要注意消灭病原，切断传播途径，又要十分重视改善生态环境，提高鱼体的抗病力，采取全面的综合防治措施。同时，鱼病预防工作又是一项系统工程，必须从养殖地点的选择、网箱设置、池塘建设以及产前、产中、产后的各个生产环节加以控制，才能达到理想的预防效果。

1. 养殖设施建设中应注意的问题

为了减少养殖中鱼病的发生，在鱼病发生时避免鱼病快速蔓延，在养殖设施建设中应注意以下问题。

（1）选择良好的水源　水源条件的优劣，直接影响养殖过程中鱼病的发生。因此，在建设养殖场时，首先应对水源进行周密调查，要求水源清洁，不带病原及有毒物质，水源的理化指标应满足养殖鱼类的生活要求，不受自然因素、工农业及生活污水的影响；其次，应保证每年的水量充足，一些长期有工农业污水排放的河流、湖泊、水库等不宜作为养殖水源。如果所选水源无法达到要求，可考虑建蓄水池，将水源水引入蓄水池后，使病原在蓄水池中自行净化、沉淀或进行消毒处理后，再引入鱼池，就能防止从水源中带入病原。

(2) 科学设计养殖池塘　养殖池塘的设计,关系到池塘的通风、水质的变化、季节对养殖水体的影响等,是万万不可忽视的。在我国北方地区,东西走向的池塘与南北走向的池塘相比较,鱼病发病率就较低;能够将池水整个排出的池塘,相对于常年不干、渗水严重的池塘,便于管理,鱼病发生时药效容易发挥,因此死亡率较低。另外,每个池塘配备独立的进排水设施,即各个鱼池能独立地从进水渠道得到所需的水,并能独立地将池水排放到总的排水沟里去,而不是排放到相邻的鱼池,这样就可以避免因水流而把病原带到另一个池塘。虽然这种设计的工程较大,但对防止鱼病蔓延和扑灭疾病都很有利,所以从长远的经济上考虑还是合算的。但这方面现在尚未引起足够的重视。

2. 放鱼前的准备

池塘是鱼类生活栖息的场所,也是鱼类病原体的滋生场所,池塘环境的好坏,直接影响鱼类的健康,所以放鱼前一定要彻底清塘。通常所说的彻底清塘,包括两个内容:一是清整池塘;二是药物清塘。这两种方式都是改善池塘环境条件,清除敌害,预防疾病发生的有效措施。

(1) 清整池塘　淤泥是病原体滋生和贮存场所,而且淤泥在分解时要消耗大量氧,在夏季容易引起泛池;在缺氧情况下,淤泥分解产生大量氨、硫化氢、亚硝酸盐等,引起鱼中毒。

清除池底过多的淤泥,或排干池水后对池底进行翻晒、冰冻,可以加速土壤中有机物质转化为营养盐类,并达到消灭病虫害的目的;对湖边或库边,常年有水渗入、无法排干池水的池塘,可以用泥浆泵吸出过多淤泥。同时拔除池中、池周的多余水草,以减少寄生虫和水生昆虫等产卵的场所。清除的淤泥和杂草不要堆积在池埂,以免被雨水重新冲入塘中,应远远地搬离池塘。

(2) 药物清塘　塘底是很多鱼类致病菌和寄生虫的温床,所以药物清塘是清除野杂鱼和消灭病原的重要措施之一。目前生产中常用的清塘药物有以下几种。

① 生石灰清塘　方法有两种，一种是干池清塘，排干池水，或留水 6～9 厘米，每亩用生石灰 75 千克，视塘底淤泥多少增减。清塘时，在池底挖几个小坑，将生石灰放入，用水溶化，趁热立即均匀全池泼洒。第二天早晨用长柄泥耙耙动塘泥，充分发挥生石灰的药效。清塘后一般 7～8 天药力消失，即可注水放鱼。加注新水时，野杂鱼和病虫害可能随水进入池塘，因此要在进水口加过滤网过滤。

第二种是带水清塘，水深 1 米，每亩用生石灰 150 千克，将生石灰放入船舱或木桶内，用水溶化，趁热立即均匀全池泼洒。带水清塘后 7～8 天，药力消失可直接放鱼，不必加注新水，就防止了野杂鱼和病虫害随水进入池塘，因此防病效果比干池清塘法更好。

② 氯制剂清塘　目前，市场上销售的氯制剂有漂白粉、优氯净（杀藻铵、二氯异氰脲酸钠粉）、强氯精（三氯异氰脲酸粉）、二氧化氯、溴氯海因、二溴海因等。各种氯制剂有效氯含量不同，使用浓度也不同。漂白粉使用量为每立方米水体 20 克，其他制剂可按说明书使用。使用时，先用水溶化，立即用木瓢全池泼洒，然后用船桨划动池水，使药物在水中均匀分布。施药后 4～5 天药力消失，即可放鱼。

③ 茶籽饼清塘　茶籽饼又名茶粕，是广东、广西、湖南、福建等南方地区普遍采用的清塘药物。使用量为水深 1 米，每亩用 40～50 千克。先将茶籽饼粉碎，放入木桶中，加水调匀后，立即全池泼洒。清塘后 6～7 天药力消失。

除了以上介绍的几种清塘药物外，还有氨水、鱼藤酮等，各地可因地制宜，斟酌使用。

3. 购买苗种应注意的问题

（1）建立检疫制度　为了防止鱼类疫病从国外传入，我国制定了专门的检疫制度，对从国外进口的鱼类品种实行严格的检疫，对检疫范围、检疫对象、具体检疫方法（现场检疫、实验室检疫、隔离检疫）和处理意见，都做了详细规定。

另外，我国地域广阔，很多地方都有特殊的地方性鱼病，如广东、广西的1龄草鱼所患的九江头槽绦虫病、饼形碘泡虫病，鲮鱼苗的鳃霉病；浙江地区的青鱼球虫病和草鱼、青鱼的肠炎，鲢、鳙的碘泡虫病（疯狂病）；江西和广东连州市的卵甲藻病以及湖南、湖北等地的小瓜虫病等。这些病都在一定地区范围内流行，近年来随着我国淡水渔业的发展，鱼苗、鱼种的地区间相互调运十分频繁，一些地方性鱼病有传播蔓延的趋势，如目前在新疆、山东等地区已发现九江头槽绦虫病。它不仅危害当地养殖鱼类，同时对野生鱼类构成严重威胁。因此，如果不重视起运前的检疫，把病鱼运到外地放养，就会使地区性鱼病逐渐扩展成全国性鱼病。在生产中，要尽量控制地区间运输，而且运输前要进行严格检疫。

(2) 选用国家级或省级良种场生产的鱼苗　许多小型苗种场常年使用自留亲鱼进行苗种生产，很容易造成近亲繁殖，使得苗种生产力、生活力、抗病力下降，在养殖期间生长速度下降，容易感染疾病。而国家级或省级良种场生产苗种时，经常到各种鱼类的原产地采捕野生鱼作为亲鱼，能够保证后代的生产力、抗病力。因此，在选购苗种时应尽量选用国家级或省级良种场生产的鱼苗。

(3) 购苗时要做疫情调查　选择那些最近一年内无重大疾病发生的苗种场购苗。一些苗种场在一年内有重大疾病发生，后来由于水温下降或药物抑制等原因，疾病已经不表现出症状。但是，当我们买回该场的苗种后，很可能会引起大规模疾病发生。因此，对于那些在一年内有重大疾病发生的苗种场销售的鱼种，最好不要购买。

(4) 重视苗种起运前和放养前的消毒工作　苗种起运前和放养前的消毒工作是杜绝病原进入池塘的重要措施之一。常用鱼种消毒药物见表7-1。对苗种进行消毒时，药效的发挥与消毒药物的浓度、消毒水温和时间密切相关。一般来说，水温高，药物浓度可低一些，浸泡时间可短一些；水温低，药物浓度要高一些，浸泡时间要长一些。否则，药效无法发挥，反而使病原产生抗药性，起到相反的作用。

表 7-1 鱼种消毒药物浓度及作用时间

药物	常用浓度	危险浓度	安全浓度
漂白粉	10 克/米^3 10 分钟，成鱼 5 克/米^3 10 分钟，鱼种	10 克/米^3 15 分钟，成鱼 5 克/米^3 30 分钟，鱼种	5 克/米^3 15 分钟
硫酸铜	8 克/米^3 20 分钟	20 克/米^3 40 分钟	12 克/米^3 60 分钟
福尔马林	100 克/米^3 40 分钟	160 克/米^3 10 分钟	140 克/米^3 40 分钟
食盐	3% 5 分钟	5% 5～8 分钟	3.5% 5 分钟
高锰酸钾	20 克/米^3 15～30 分钟	30 克/米^3 60 分钟	25 克/米^3 30 分钟

另外，在消毒过程中，还应注意以下几点。

① 不要一次性放太多鱼，以免缺氧。

② 浸泡时间与水温有关。

③ 药浴后不用捞海捞鱼以免受伤，可将药水同鱼一起轻轻倒入池中。

④ 一盆药一盆鱼，不要重复用，以免药液稀释而失效。

⑤ 不用金属容器。

⑥ 使用清水溶解药物。

（5）苗种要求　所购买的苗种要求体色正常、体形饱满、体态优雅、无伤无病无残、同一池塘同一品种规格一致。

4. 养殖期间的防病措施

（1）提早放养，提早开食　把春季放养改为冬季放养，是总结过去春季放养多发鱼病后的重要改革措施。因为春季放养时水温已上升，病原体开始生长繁殖，而鱼类经过越冬，体力消耗太大，体质瘦弱，鳞片松动，鱼体易受伤，病原菌就容易趁虚而入，使鱼发病；而冬季水温低，鱼类体质肥壮，鳞片紧密，不易受伤。即使有些鱼体在运输、放养时受伤,但这时病菌也处在不活跃状态,鱼类有充足的时间恢复。到春季水温上升时,放养鱼类便会提早开食,开始正常生长,增强了抗病力,也就不易发病了。

(2) 合理混养和密养　合理混养和密养是提高单位面积产量的技术之一,也是预防鱼病发生的重要措施。在放养鱼种密度相同、环境条件相同、管理水平相当的条件下,放养单一鱼种的池塘比多种鱼类混养的池塘发病率高,而且鱼病发生后较难控制。这是因为不同鱼种的寄生物不完全相同,某些寄生物只能寄生于某种宿主,而混养使得这种鱼的密度降低,相互之间传染性也降低了。所以无论从提高单产或是预防鱼病的角度来看,都应该提倡鱼类的混养。

在密养的情况下,特别在过密的水体内,鱼类容易接触而互相传染病原体。在有病原体的情况下,鱼类密度大的比密度小的水体内,鱼病更容易发生和发展。因此,在高密度养殖的池塘中,养殖者应掌握适当密度,并严格执行卫生防疫措施。高密度养而相应措施(如控制投饵量、使用增氧设备等)跟不上的话,常常会适得其反,使鱼类生长缓慢,鱼体消瘦,抗病力降低,容易感染各种疾病而造成大量死亡,在炎热的夏季,更会因氧气供应不足而引起"泛池"。至于怎样的密度和混养搭配比例是比较合适的,应该根据鱼池的深度、水源条件、水质好坏、饵料供应情况和饲养管理水平等来决定。

(3) 鱼种放养时注意事项　鱼种放养时应注意池水、天气和鱼种三方面的情况。

首先,放养时池水透明度为25厘米左右,水质肥沃,水色正常,以绿藻、硅藻、金藻为优势藻种,水体为绿色、黄绿色或褐绿色,且不含敌害生物,无丝状体藻类过量繁殖。池水pH值应在7.5左右,超过此范围应以换水方法解决,或以生石灰调节。鱼池水温与运输水温尽量一致,温差一般不超过3℃。用充氧鱼苗袋运输时,如果池水水温过低,应将运输鱼苗袋不开口直接放入鱼池,15~20分钟后,待运输水温与鱼池水温基本一致时再开口放鱼;若用敞口容器运输,必须先将池水慢慢兑入运输容器中,待运输水温与鱼池水温基本一致时再放鱼。这一点是必须要注意的,尤其在放养乌仔时,更为重要。笔者在多年的服务过程中,多次遇到因放养时不注意水温差,而导致鱼苗大量死亡的现象。1999年,山东新泰市东周水库有一个养殖户购买了20万尾鲤乌仔,5月上旬正午运输,下午2点多钟放入水库网箱。放养时没有调温,结果当天下午开始出现死亡,三天内全部死亡。

其次,放养时气温要适宜,无寒流,无大雨,无大风。最好选择晴天的上午,有微风时,要在池塘的上风头放苗。千万不要在傍晚放养,因为傍晚放养会使鱼苗在半夜因缺氧而死亡。

放养时,还要注意鱼苗或鱼种规格确已达到养殖的要求,体色正常,体表干净,无黏附物,游动活泼,反应灵敏,无伤无病无残。要保证鱼种大小整齐,同一鱼池要放同一来源的鱼种。如确保同一来源有困难,也最好是同一地区的,千万不要一池鱼七拼八凑;否则,因各地运来的鱼体大小、肥满程度、抗病力等都不同,造成饲养管理上的困难,容易导致鱼病。

(4) 做好"四消" 即"鱼体消毒、饵料消毒、工具消毒、食场消毒"。

① 鱼种消毒 多年来的实践证明,即使最健壮的鱼种,也或多或少地带有一些病原体。为防止这些病原体在新塘中传播开来,鱼种入塘前必须进行浸泡消毒,以杀灭皮肤和鳃部的细菌和寄生虫。3%~5%的食盐水对水霉病有一定的预防效果。漂白粉与硫酸铜混合使用,除对小瓜虫、黏孢子虫和甲壳动物无效外,大多数寄生虫和细菌都能被消灭;高锰酸钾和敌百虫对单殖吸虫和锚头鱼蚤有特效。消毒药物、浓度和浸泡时间前面已有介绍。

② 饵料消毒 除商品饵料外,病原体往往随饵料带入,因此投放的动植物饵料必须清洁、新鲜,最好能先进行消毒。一般植物性饵料,如水草,可用6克/米^{3}漂白粉溶液浸泡20~30分钟;动物性饵料,如螺蛳等一般采用活的或新鲜的,洗净即可;肥料最好先进行腐熟或加入1%的生石灰处理一段时间后,再投入池塘。

③ 环境卫生和工具消毒 经常捞除池中草渣、残饵、水面浮沫等,保持水质良好。及时捞出死鱼和敌害生物并妥善处理。鱼场

第七章 鱼病防治

中使用的工具如果不能做到分塘分用,则应在使用工具后将其放入10克/米^{3}的硫酸铜溶液中浸泡5分钟或在阳光下暴晒一段时间,再妥善收藏,防潮防虫。

④ 食场消毒　食场内常有残渣剩饵,残饵的腐败常为病原体的滋生繁殖提供有利条件,尤其在水温较高时,最易引起鱼病流行发生。所以除了经常控制适当投饵量、每天清洗食场外,在鱼病流行季节,每周要对食场进行一次消毒。

食场消毒多用漂白粉,方法一是挂篓(袋)法,二是撒播法。挂篓法是用密的竹篓(或密眼筛绢袋,布袋易被腐烂)装漂白粉100~150克,分散挂于食场附近,如草鱼的三角草筐、青鱼的食台等。为使竹篓能沉于水中,可在篓底放一小石头,沉入水中的竹篓要加盖,以防漂白粉溢出。每天换一次漂白粉即可。撒播法是将漂白粉直接撒在食场周围,其用药量没有严格规定,可根据食场大小、水的深浅等酌情放药,多放些一般不会危害鱼类,因为如果鱼忍受不住,即自行游开。食场消毒要根据水质、季节定期进行,鱼病流行季节前,要勤消毒。

采用挂袋法进行食场消毒时应注意:

A. 选择药物时,鱼对该药物的回避浓度要高于治疗浓度。如50%鲢对硫酸铜的回避浓度为0.3克/米^{3}水体,而全池遍撒的治疗浓度一般0.7克/米^{3}水体,所以此法就无效,挂篓(袋)法不应选择硫酸铜,而敌百虫和漂白粉则可用。

B. 浓度要合适,太高鱼不来吃食,太低不起作用。所以第一次挂篓或挂袋后,应在池边或网箱边观察1小时左右,看鱼是否来食场吃食,如果不来吃食,表明药物浓度太高,应适当减少挂篓或挂袋的数量。用挂袋法时,一般一个食场挂3~6袋,每袋装入漂白粉150克或精制晶体敌百虫粉100克。

C. 为提高治疗效果,挂袋前一天要停食,并在挂袋几天内喂鱼最喜欢吃的食物。而且,投饵量应比平时略少一些,以保证鱼在第二天仍来吃食。

D. 如果鱼平时没有定点摄食的习惯,那么应先培养定点摄食的习惯再用药，一般驯化鱼定点摄食需要5～6天。

(5) 投饵应"四定"　即"定时、定点、定质、定量"。投饵时坚持定时、定点、定质、定量，不仅能有效地防止饵料浪费，也避免了残渣剩饵污染水质，起到了改善环境、预防疾病的作用。

定质，是指投喂的饵料要新鲜和有一定的营养，不含病原体和有毒有害物质。另外，商品饵料中的有害添加剂问题应引起足够的重视。

定量，是指每次的投饵量要均匀适当，一次投喂的饵料，应以3～4小时内吃完为标准，如果有剩余的饵料，应及时捞出，不能任其在池中腐败变质，污染水体。

定位，是指投饵地点要相对固定，使鱼养成到固定地点（即食场）摄食的习惯，既便于观察鱼类动态、检查池鱼吃食情况，又便于在鱼病流行季节进行药物预防。

定时，是指同一池塘，每天投喂时间要相对固定，使鱼形成定时摄食的习惯。当然，定时投喂，也不是机械不变的，可随季节、气候作适当调整。如网箱养鱼，一般春季一天喂四次，而夏季一天喂6～8次，在时间上就应有不同；如果早晨有浓雾或鱼类浮头或下大雨，就应适当推迟投饵时间。

(6) 日常管理　养殖期间，每天要多次检查鱼池，注意"三看"，即"看水、看天、看鱼"。

看水，要看水的透明度的变化、看水色的变化、看水中动植物的变化，对养殖不利的变化，要及时采取措施。如透明度低于25厘米，说明水太肥，要及时加注新水；水太清，则要及早施肥。

看天，要看天气变化，如夏季高温季节，傍晚蚊蝇低飞、天气闷热，可能要下雨，就要预备半夜为鱼池增氧；连绵阴雨，就需要准备好随时增氧。

看鱼，要看鱼的活动情况、摄食情况、体色情况、体表状况等，如果有鱼在水中频繁跳动，或沿池边狂游，或头上尾下游泳，可能是有寄生虫；有鱼在投喂时不摄食，沿池边慢游，可能是饵料不适口，或投喂量过大，或身染疾病等原因；有鱼头部发黑，或体色有异常,可能是患病,这些情况都应及时诊断,及时采取补救措施。

要经常注意水质,定期加注清水及换水,保持水质肥、活、嫩、爽及高溶氧;定期遍撒生石灰、碳酸氢钠(小苏打),调节水中pH值(生石灰还有提高淤泥肥效、杀菌和改善水质的作用);勤除杂草,勤除敌害和中间宿主(螺类等),及时捞取残渣剩饵和死鱼;定期清理和消毒食场,制止病原体的繁殖和传播;在主要生长季节,晴天的中午开动增氧机,使池水充分混合,让上层的溶氧到下层去,下层淤泥无氧分解产生的有害气体(如氨气、硫化氢等)逸出水体,防止鱼类中毒;在主要生长季节,晴天的中午,还可以用泥浆泵吸出部分淤泥,以减少水中耗氧因素,或将塘泥喷到空气中再撒落在水的表层,每次翻动面积不超过池塘面积的一半,以改善池塘溶氧状况,提高池塘的生产力,形成新的食物团,供滤食性鱼类利用,增加池水透明度。

(7)利用水质改良剂改良水质 有条件的养殖户可以经常用光合细菌、玉垒菌、麦饭石(每亩50千克)、沸石(每亩20~30千克,严重污染的每亩用50~500千克不等)、膨润土(每亩50~100千克)、明矾、钢渣(高温导致污染严重的池塘每平方米用1~2千克)、过氧化钙(每10天用5~10克/米^3)等水质改良剂改良水质。

(8)小心操作,防止鱼体受伤 鱼体受伤通常是鱼病发生的直接原因。所以,在日常生产中,拉网、倒池、放养、运输过程中,一定要动作轻巧、快捷,小心操作,尽量避免鱼体受伤,杜绝病原菌或寄生虫侵袭的机会。对受伤的鱼,一定要挑出,浸泡消毒后另池饲养,直至痊愈后才放回正常饲养池。

(9)定期药物预防 养殖过程中,定期进行药物预防是必不可少的。池塘中,每隔10~15天,水深1米的,每亩使用20~25千克生石灰,既可改良水质,又可杀菌防病,是通常使用的预防措施。将中草药扎成小捆,放在池中沤水,也是不错的选择之一。如:乌桕叶沤水防烂鳃,楝树枝沤水防车轮虫病等。使用挂篓

(袋)法,在食场周围形成一个消毒区,达到预防目的。在网箱养鱼中,使用此法比其它方法方便。

鱼病多发季节,还需经常使用体内药物预防。一般采用口服法,将药物拌在饵料中投喂。注意:

A. 饵料必须选择鱼最爱吃、营养丰富、能碾成粉末的,而且制成药饵后的浮沉性和鱼的习性相似。比如,草鱼要用浮性的米糠等,青鱼要用沉性的菜籽粕等。

B. 颗粒料要有足够的黏性,在水中1小时左右不散开,鱼吃下后又易消化吸收。

C. 饵料颗粒要大小适口。

D. 在计算药量时,除了尽可能地估计病鱼的体重外,对食性相同或相似的其它种类的鱼也要计算在内;而大小相差悬殊的,即使是同一种鱼,那大鱼体重也可不算在内,但在投喂药饵的周围必须设置栅栏,只允许小鱼进入药饵区。

E. 投喂量要比平时少2~3成,以保证天天都来吃药饵,并将药饵吃完,连喂3~6天。

(10)人工免疫　人工免疫,就是用给鱼注射、喷雾、口服、浸泡疫苗等人工方法,促使鱼获得对某种疾病的免疫力。目前,在草鱼的出血病、鳖的各种细菌病和病毒病、对虾的疾病和淡水鱼类细菌性败血症的防治过程中,免疫法得到了广泛的应用。

(11)越冬前要作严格处理　鱼种越冬前要大小分养,严格消毒,加强投喂。有伤有病个体要挑出单独养伤养病,痊愈后再入越冬池或网箱。如果不加处理,让养殖鱼在池塘或网箱中自然越冬的话,第二年一开春,一定会发生各种各样的疾病,导致养殖鱼陆续死亡。这种事情在以前已经无数次地发生过了。

第二节　鱼病诊断的一般方法

鱼病发生后是否能尽快地得到控制,首先取决于能否对鱼病迅速地作出正确诊断。只有先确定鱼患何种疾病，才能对症下药，取得好的治疗效果。因此，能否正确诊断鱼病，是鱼病防治工作中的关键问题。

诊断鱼病应从以下两个方面进行。

一、现场调查

1. 了解鱼出现的各种异常现象

鱼生病后，不仅在病鱼体表或体内出现各种病状，同时，在水中也会表现出各种异常现象。病鱼一般表现为全身发黑、离群独游；在气候等一切正常的情况下，鱼的摄食量突然急剧下降等。鱼病往往有急性型和慢性型。急性型鱼病，病鱼一般在体色、外观和体质上与正常鱼差别不大，仅病变部位稍有变化，但易死亡，死亡率急剧上升。而慢性型鱼病，则往往消瘦、活动缓慢、体色发黑、离群独游，死亡率一般呈缓慢上升趋势。鱼类受到寄生虫侵袭时，往往出现焦躁不安。如鲺侵袭，鱼的体色等变化不大，但鱼出现上蹿下跳，阵性狂游。当鲢碘泡虫侵袭鲢时，鱼的尾部上翘露出水面，在水中狂游乱窜打圈子。因农药或工业污水排放造成鱼类中毒时，鱼会出现跳跃和冲撞现象，一般在较短时间内就转入麻痹甚至死亡。由寄生虫引起的死亡，一般是缓慢地逐渐增加，除集约化养殖发现指环虫、三代虫的侵袭在短期内造成大批死亡外，池塘养鱼死亡率一般不会太高；可是若遇鱼类中毒，则往往在极短的时间内，出现大批鱼类死亡，而且不分品种，四大家鱼、野杂鱼、泥鳅都毫不例外地死亡。因此，及时到现场观察鱼的活动情况对于鱼病的及时诊断和处理具有至关重要的意义。

在多种鱼的混养池塘，若仅是草鱼得病，首先应怀疑是"草鱼三病（赤皮、烂鳃、肠炎）"；如果仅是鲢、鲫得病，应怀疑是鲢出血病；如果池中鱼类均得病，而且没有一定次序，可能是淡水鱼类细菌性败血症；如果鱼在池中狂游或蹿跳，可能是有寄生虫，如果仅是鲢狂游、蹿跳，则可能是鲢碘泡虫病；如果鱼类平时表现正常,只在拉网后一段时间出现出血症状或不耐运输,可能是喹乙醇中毒;如果各种混养鱼类按照鲢、草、鲤、鲫顺序先后全部死亡,应考虑泛池的可能性。怀疑泛池时,还应调查放养密度、施肥情况、天气变化和鱼死前浮头情况。如泰安某小型水库2.5万斤商品鱼3天内全部死亡。据调查,该水库放养个体规格100克的鱼种达400千克/亩,经四个多月的养殖,个体规格已达0.5千克以上,粗算起来该小水库成鱼密度可达1200千克/亩以上,在养殖过程中,又经常投放未经发酵的厩肥,在雨季连续几天的连绵阴雨时,又无增氧和注水设备,最终导致第一天鲢出现成批死亡,第二天草鱼和鲤也开始出现批量死亡,下午鲫也有死亡现象,至第三天晚间,水库中鱼已死亡90%以上。综合调查分析,基本可诊断为缺氧泛池导致的死亡。

调查中,还应注意病鱼是陆续少量死亡,还是死亡有明显的高峰期,前者应考虑寄生虫侵袭的可能,而后者可能是传染性鱼病。

2. 了解水质和环境情况

水温与鱼病的流行有密切的关系,各种病原体都有其繁育生长的最佳温度范围。很多致病菌和病毒在平均水温25℃时,毒力显著增高,水温降到20℃以下时,则毒力减弱,使病情减弱或停止发展。斜管虫适宜在水温12~18℃时大量繁殖。小瓜虫生长和繁殖的水温,一般在15~25℃,当水温低于10℃或高于26℃时,则停止发育。

观察水的颜色,对水质情况也可作一大致了解。水中腐殖质多时,水呈褐色;水中含钙质多时,呈现天蓝色;微囊藻大量繁殖时,水呈铜绿色;城市排出的生活污水,一般呈黑色;当被污染水源污染时,因污水种类和性质不同而出现不同的颜色,如红、黑、灰白色等,透明度也会随之大大降低。

水中的溶解氧、硫化氢、pH值、氯化物、硫化物等与鱼病流行的关系极为密切。有的鱼池数年不清塘,鱼的粪便和残饵大量沉积,当水底溶氧量减少时,厌氧微生物发酵分解产生硫化氢,不仅容易使鱼类中毒，而且更加剧了溶氧的缺乏，造成鱼类浮头或窒息死亡。有机质多而发臭的水，一般都适宜鳃霉的大量繁殖，引起鳃霉病的流行。

酸性水常引起嗜酸性卵甲藻病的暴发。氯化物和硬度高，则会促使土栖藻（小三毛金藻）大量繁殖，造成鱼类中毒死亡。

了解周围的环境中是否存在污染源或流行病的传播源，鱼池周围的环境卫生，家畜、家禽、螺蚌及其敌害动物在渔场内的数量和活动情况等，特别对一些鱼大量死亡的时候，尤其需要了解附近农田施药情况和附近厂矿排放污水情况，在工业污水和农药中，尤以酚、重金属盐类、氰化物、酸、碱、有机磷农药、有机氯和有机砷等对鱼类危害较大。一旦确诊为中毒死亡，应迅速了解施药的种类或污水中的主要致死化学成分，以便采取应急措施。

3. 了解饲养管理情况

对投饵、施肥、放养密度、放养品种和规格、各种生产操作记录以及历年发病情况等都应作详细了解。投喂酸败饲料和腐烂变质的饲料，容易引发鱼的"瘦背病"和死亡。放养密度过大，鱼摄食不足，体质差，对疾病的抵抗力弱，也容易引起疾病。施肥量过大，在池中直接沤肥，投饵量过多等，都容易引起水质恶化，造成缺氧，影响鱼的生长，同时给病原体和水蜈蚣等敌害生物创造了条件，引起鱼的大批死亡。水体过瘦，饵料生物缺乏，又容易引起"跑马病"和萎瘪病的发生。拉网等操作造成鱼体损伤、容易引起白皮病和肤霉病等。

调查中还应了解以前治疗的情况，应详细询问曾用过何种药物，效果如何，这些情况都有助于我们对鱼病的正确诊断。

二、鱼体检查

通过以上的现场调查，只是对于与鱼病有关的外部环境有了初步的了解，要对鱼病作出正确的诊断，主要靠对鱼体的检查。检查病鱼时，最好捞取濒临死亡而未死的病鱼进行检查，如果达不到这一要求,也要尽可能地选用刚刚死亡且体色未变、尚未腐败的鱼进行检查(受检鱼至少3~5尾)。需要带回室内检查时,受检鱼应放在盛有水的水桶内。如果病鱼已死,盛水带回时,可能某些寄生虫就会离开鱼体而影响检查,此时可用湿布或湿纸包裹带回实验室。

1. 肉眼检查

肉眼检查是诊断鱼病的主要方法之一,有些鱼病仅通过肉眼就可诊断。因为有些病原体的寄生部位,往往呈现出一定的病理变化,有时症状还很明显,例如,水霉以及一些大型的寄生虫(如蠕虫、甲壳动物、体形较大的原生动物等),用肉眼就可能识别出来。但有些病原体(如细菌、体形较小的寄生虫等),用肉眼是看不到的,必须通过显微镜或通过特殊的方法培养鉴定后才能确诊。但是一般细菌性鱼病,常常表现出各自不同的症状,如出血、发炎、脓肿、腐烂、蛀鳍等;而寄生虫病,常表现出黏液分泌增多、发白、有点状或块状的孢囊等症状。通过肉眼观察其不同的症状,对于某些鱼病就可作出初步的诊断。所以,肉眼检查法是一种较为方便并能收到较好效果的方法。

对患病鱼体进行检查,一般要检查体表、鳃、内脏等三部分,检查顺序和方法如下。

(1)体表检查 将病鱼放在解剖盘内,按顺序从病鱼的头部、嘴、眼睛、鳞片、鳍条等部位逐步仔细观察。在体表的一些大型病原体(水霉、锚头鱼蚤、鲺、钩介幼虫等)很容易被看到。但有些肉眼看不见的小型病原体,则需要根据所表现出的症状来判断,如车轮虫、口丝虫、斜管虫、三代虫等,一般会引起鱼体分泌大量黏液,或者头、嘴以及鳍条末端腐烂,但鳍条基部一般无充血现象。如有角膜混浊,有白内障时,很可能是复口吸虫病。若是草鱼赤皮病,则鳞片脱落,局部出血发红。鲢的打印病,在鱼腹部两侧或一侧有圆形红色腐烂斑块,像盖过的印章;如果鱼体发黑,背部肌肉发红,鳍基充血,肛门红肿,剥皮可见肌肉出血,可能是患有病毒性出血病或肠炎。

(2) 鳃部检查　鳃部检查，重点是鳃丝。首先注意鳃盖是否肿胀，鳃盖表皮有没有腐烂或变透明；然后用剪刀将鳃盖除去，检查鳃丝是否正常。如鳃丝腐烂，发白带黄色，尖端软骨外露，并沾有污泥和黏液，多为烂鳃病；鳃丝末端挂着似蝇蛆一样的白色小虫，常常是寄生了大中华鱼蚤；鳃部分泌大量的黏液，则可能是患有鳃隐鞭虫、口丝虫、车轮虫、斜管虫、三代虫、指环虫等寄生虫病；鳃片颜色比正常的鱼白，并略带红色小点，多为鳃霉病。

(3) 内脏检查　内脏检查，要检查的内容很多，要做好记录。

将病鱼放在解剖盘内，用剪刀或手术刀将一侧鱼鳞去掉一些，在去鳞处剪开皮肤，剥去一部分皮肤，看皮肤是否变红色；再从肛门处开始剪，一路向上剪至体腔背部，再向前剪，一直剪至鳃盖后缘，另一路沿腹中线向前剪，至鳃盖后下缘，最后将这一侧皮肤整个去除，露出内脏器官。

先观察腹内是否有腹水，腹水的颜色如何，有无肉眼可见的寄生虫，如鱼怪、线虫、舌状绦虫、长棘吻虫等。然后仔细地将体内各器官用剪刀分开，分别仔细观察各器官有无患病症状。

① 肝胰脏：是否肿胀，是否变色，是否呈花斑状，是否有脓包；

② 胆囊：是否肿大，是否颜色变淡，是否胆汁变稀薄；

③ 肾脏：是否肿胀，是否变色，是否呈花斑状，是否有脓包；

④ 心脏：是否肿胀，是否变色，是否呈花斑状，是否有脓包；

⑤ 肠道：取出肠道，从前肠至后肠剪开，分成前、中、后三段，放在解剖盘中，轻轻把肠道中的食物和粪便去掉，然后进行观察。如发现肠道全部或部分出血呈紫红色，则可能为肠炎或出血病；前肠壁增厚，肠内壁有散在的小白点或片状物，可能是黏孢子虫病或球虫病。在肠内寄生的较大的寄生虫，如吸虫、绦虫、线虫等都容易看到。

目检主要以症状为主，要注意各种疾病不同的临床症状，一种疾病在临床上通常有几种不同的症状，如肠炎，有鳍基部充血、蛀鳍、肛门红肿、肠壁充血等症状；同一种症状，几种疾病均可以出现,如细菌性赤皮、烂鳃、肠炎等病,均能出现体色发黑、鳍基部充血等症状。因此,目检时要认真检查,全面分析,抓住典型症状,综合判断。

2. 显微镜检查(镜检)

肉眼检查主要是以症状为依据,如果同一尾鱼体并发两种以上的症状,就很难确定鱼患何病。还有的症状好几种鱼病都存在,如体色变黑、蛀鳍、烂尾、鳞片脱落、鳃丝分泌黏液增多等症状。在这种情况下,仅靠肉眼检查是不能确诊的,必须进一步用显微镜或解剖镜检查,方可作出进一步的诊断。

(1) 镜检的注意事项

① 用活的或刚死亡的病体检查。

② 保持湿润。待检病体如体表干燥,则寄生虫和细菌会死亡,症状也会模糊不清。

③ 检查工具要清洁卫生。

④ 海水动物的检查需用清洁的海水或生理盐水,淡水动物的检查需用清洁的淡水或生理盐水。

⑤ 一时无法确定的病原体或病象,要妥善保留好标本。

⑥ 保持脏器完好。打开体腔后,要保持内脏器官的完好无损,有利于观察病灶部位。

(2) 检查方法

① 玻片压展法 取被检动物器官或组织的一小部分,或一滴黏液,或一滴肠内容物等,置于载玻片上,滴少许清水或生理盐水,用另一载玻片压平,然后置解剖镜或低倍显微镜下观察,辨认病原体。检查后用镊子或解剖针或微吸管取出寄生虫或可疑的具有病象的组织,分别放入盛有清水或生理盐水的培养皿中,以待作进一步的处理。

② 载玻片法 此法适用于低倍或高倍显微镜检查。取要检查的小块组织或小滴内含物置于载玻片上,滴入少许清水或生理盐水,盖上盖玻片,轻轻压平(避免产生空气泡),先置于低倍镜下

检查，寻找目标，然后再用高倍镜观察，以确定病原体。如果是细菌引起的疾病，制片时还要染色。

由于镜检只能检查很小的部分组织，为了避免遗漏，每一个病变部位至少要制三个片，检查不同位置的组织。

镜检一般先要用目检来确定病变部位，然后再用显微镜作细微的全面检查。镜检的重点同样是鱼的鳃丝、体表、内脏等病变部位。

（3）检查步骤

① 黏液：在鱼的体表黏液中，除了肉眼可见的较大型的寄生虫和病症外，往往有许多肉眼看不见的病原体，如颤动隐鞭虫、口丝虫、车轮虫以及吸虫囊蚴等，黏孢子虫和小瓜虫的孢囊肉眼也不易区分。在检查时，先用解剖刀刮取鱼体表的黏液，然后按照镜检方法将黏液放到显微镜下观察。

② 鼻腔：用镊子或微吸管从鼻腔内取少许内含物，置显微镜下检查，可发现黏孢子虫、车轮虫等原生动物。然后用吸管吸取少许清水注入鼻孔中，再将液体吸出，置于培养皿中，用低倍显微镜观察，可发现指环虫、鱼蚤等。

③ 血液：从鳃动脉或心脏取血。如从鳃动脉取血，先剪去一侧鳃盖，然后左手用镊子将鳃瓣掀起，右手用微吸管插入鳃动脉或腹大动脉吸取血液。吸起的少许血液可直接放在载玻片上，盖上盖玻片，在显微镜下检查；吸起较多的血液，可放入培养皿内，然后再取一小滴制成标本，在显微镜下检查。如从心脏取血，除去鱼体腹面两侧鳃盖之间最狭处的鳞片，用尖的微吸管插入心脏，吸取血液。血液镜检可发现锥体虫等原生动物。培养皿内的血液用生理盐水稀释后，在显微镜下检查，可发现线虫等。

④ 鳃：可先用剪刀剪取一小片鳃组织，放在载玻片上，滴入适量的清水，盖上盖玻片在显微镜下观察；然后刮取鳃片上的黏液或可疑物，同样按上述方法进行检查。鱼的鳃是特别容易被病原体侵袭寄生的部位，病原体包括鳃霉等病菌、鳃隐鞭虫、黏孢子虫、微孢子虫、车轮虫、斜管虫、小瓜虫、半眉虫等原生动物，指环

虫、三代虫等单殖吸虫，复殖吸虫囊蚴，软体动物的幼虫以及鱼蚤等，往往都会寄生在鳃上。为了检查的准确性，每边的鳃至少要检查三片，取鳃组织时，最好从每一边鳃的第一片鳃片接近两端的位置剪取一小块，寄生虫大多在鳃小片的这两个位置上寄生。

⑤ 体腔：打开体腔，发现有白点，用解剖镜或显微镜检查，可发现黏孢子虫、微孢子虫、绦虫等成虫和囊蚴。

⑥ 脂肪组织：脂肪组织如发现白点，压片镜检，可发现黏孢子虫。

⑦ 胃肠：首先应把肠道外壁上所有的脂肪组织尽量去除干净，不然在检查时，脂肪进入肠道内的检查物，不易进行观察。脂肪去除后，一般是先进行肉眼检查，观察肠道外型是否正常，若肠道外壁上有许多小白点，通常是黏孢子虫或微孢子虫的孢囊。肉眼检查完后，一般是将肠道分为前肠、中肠和后肠三段，分别进行检查。胃肠道也是最容易受细菌和寄生虫侵袭的地方。除了引起肠炎的细菌外，其他很多寄生虫如鞭毛虫、变形虫、黏孢子虫、微孢子虫、球虫等原生动物以及复殖吸虫、线虫、棘头虫、绦虫等都可经常被发现，有时数量还相当大。复殖吸虫、绦虫、线虫和棘头虫，通常寄生在前肠（胃）或中肠；六鞭毛虫、变形虫、肠袋虫等，一般寄生在后肠近肛门3~6厘米的地方。

检查时除了注意较大型的寄生虫和在肠液中生活的寄生虫外，还应注意肠内壁上有无白色点状物或瘤状物，有无溃烂发红发紫的现象。如果有小白点，压破其孢囊，往往可以看到大量的黏孢子虫，有时也会是微孢子虫。青鱼肠内溃烂或有白色瘤状物，往往是因为球虫的大量寄生。如果发红发紫，则一般是细菌性肠炎。

⑧ 肝：同样先用肉眼观察，注意肝脏的颜色与正常鱼有无明显变化，有无溃烂、病变、白色和肿瘤等。在肝的表面，有时可发现复殖吸虫的孢囊或虫体，有的则有黏孢子虫、微孢子虫或球虫形成的孢囊的小白点。将外表观察完后，从肝上取少许组织，放在载玻片上，盖上盖玻片，轻轻压平，先在低倍镜下观察，然后再用高倍镜观察，通常在病鱼肝脏上可发现黏孢子虫、微孢子虫等的孢子

或孢囊，有时还有吸虫的囊蚴。

⑨ 脾：镜检脾脏少许组织，往往可发现黏孢子虫或孢囊，有时可发现吸虫的囊蚴。

⑩ 胆囊：胆囊壁和胆汁，除用载玻片法在显微镜下检查外。还要用压展法或放在培养皿里用解剖镜或低倍显微镜检查。胆囊内可发现六鞭毛虫、黏孢子虫、微孢子虫、复殖吸虫和绦虫幼虫等。

⑪ 心脏：取一滴内含物，在显微镜下检查，可发现锥体虫和黏孢子虫。

⑫ 鳔：用载玻片法和压片法同时检查，可发现复殖吸虫、线虫、黏孢子虫及其孢囊。

⑬ 肾：取肾应当完整，如肾很大，则分前、中、后三段分别检查，可发现黏孢子虫、球虫、微孢子虫、复殖吸虫和线虫等。

⑭ 膀胱：用载玻片法和压展法同时检查，可发现六鞭毛虫、黏孢子虫和复殖吸虫等。

⑮ 性腺：取左右性腺，先用肉眼观察外表，常可发现黏孢子虫、微孢子虫、复殖吸虫囊蚴、绦虫的双槽蚴和线虫等。

⑯ 眼：用弯头镊取出眼睛，放于玻片上，剖开巩膜，释出玻璃体和晶状体，在低倍显微镜下或解剖镜下检查，可发现吸虫的幼虫和黏孢子虫。

⑰ 脑：取脑组织少许，镜检可发现黏孢子虫和复殖吸虫的孢囊或尾蚴。

⑱ 脊髓：把头部与躯干部交接处的脊椎骨剪断，再把尾部与躯干部交接处的脊椎骨也剪断，用镊子从前端的断口插入脊髓腔，把脊髓夹住，慢慢把整条脊髓拉出来，分前、中、后三段检查，可发现复殖吸虫的幼虫和黏孢子虫。

⑲ 肌肉：剥去皮肤，分前、中、后取小片肌肉组织，用玻片法和压展法检查，可发现黏孢子虫、复殖吸虫、绦虫和线虫等的幼虫。

镜检的准确率取决于制片的技巧、显微镜使用和对各种病原体外部特征的识别。制片厚度要适当，先用低倍镜找到病原体，然后再用高倍镜仔细观察，以识别病原体的类型。如在检查中发现某种寄生虫大量寄生，可确定为某种疾病，如有几种寄生虫同时寄生，可根据虫体数量和危害程度的不同来诊断。同时，还要根据病鱼的症状和水体环境等因素，进行比较和分析，找出主要病原体和次要病原体。常见鱼类寄生虫检查方法见表7-2。

表7-2　常见鱼类寄生虫检查方法

检查方法	寄生虫名称
肉眼	头槽绦虫、锚头鱼蚤、鲺、舌状绦虫、毛细线虫、红线虫、棘头虫、长棘吻虫、中华鱼蚤、鱼怪等
低倍镜	黏孢子虫、车轮虫、斜管虫、毛管虫、舌杯虫、小瓜虫、三代虫、指环虫、复口吸虫、钩介幼虫等
高倍镜	鳃隐鞭虫、口丝虫、黏孢子虫、青鱼艾美虫等

第三节　常见鱼病的防治

鱼类种类多，鱼病的种类更多，不可能一一述说各种疾病的前因后果。这里仅将常规养殖鱼类常见、危害较大的疾病按病毒病、细菌病、真菌与藻类疾病、寄生虫病和非寄生性疾病简述如下，供大家参考。

一、病毒性鱼病

由病毒感染而引起的鱼病，称病毒性鱼病。病毒寄生在鱼类的细胞内，因此至今没有理想的治疗方法，主要靠预防来控制此类鱼病的发生。

1. 草鱼出血病

【病原体】草鱼呼肠孤病毒，又名草鱼出血病病毒。

【症状】病鱼体色发黑，各器官、组织有不同程度的充血、出血现象；体型小的鱼在阳光或灯光透视下，可见皮下肌肉充血、出血。主要症状表现在病鱼的口腔上颌及下颌、头顶部、眼眶周围、鳃盖、鳃及鳍条基部都充血，有时眼球突出，剥除鱼的皮肤，可见肌肉呈点状或块状充血、出血，严重时全身肌肉呈鲜红色，肠壁充血，但仍具韧性，肠内无食物，肠系膜及周围脂肪、鳔、胆囊、肝、脾、肾也有出血点或血丝。一般鳃部无明显病变，但因内出血而导致鳃部苍白，故称"白鳃"，也有的鳃瓣呈红色斑点状充血。

大多数病鱼在剥去皮肤后，可见肌肉点状或斑块状充血，严重时全身肌肉呈鲜红色。剥开腹腔，可见肠道全部或部分因肠壁充血而呈鲜红色，但仍具有韧性，肠内无食物，但很少有气泡或黏液，可区别于细菌性肠炎病。肠系膜及周围脂肪、鳔、胆囊、肝、脾、肾有出血点或血丝。上述症状可在各病鱼中交替出现。

【防治方法】

（1）池塘消毒　清除池底过多淤泥，改善池塘养殖环境，并用生石灰（200 克/米^3）或漂白粉（20 克/米^3，含有效氯 30%）泼洒消毒。

（2）下塘前药浴　鱼种下塘前，用聚维酮碘（PVP-I）30 克/米^3 药浴 20 分钟左右。

（3）养殖期消毒　每半个月全池遍洒二氯异氰脲酸钠粉（优氯净）或三氯异氰脲酸粉（强氯精）0.3 克/米^3 或漂白粉 0.1～0.2 克/米^3。

（4）人工免疫预防　发病季节到来之前，人工注射草鱼出血病弱毒疫苗或草鱼出血病病毒细胞灭活疫苗可产生特异性免疫力，使草鱼安全度过当年流行季节。

2. 鲤痘疮病

【病原体】鲤疱疹病毒。

【症状】早期病鱼的体表出现小斑点，以后增大、变厚，其形状及大小各异，直径可从 1 厘米左右到数厘米，或者更大些，厚 1～5 毫米，严重时可融合成一片，形状如痘疮，故称痘疮病；增生物表面一开始光滑，后来变得有些粗糙，呈玻璃样或蜡样，有时不透明；颜色为浅乳白色、奶油色，以至褐色（决定于病灶部位的色素），增生的病灶部位常有出血现象。增生物为上皮细胞及结缔组织增生形成的乳头状小突起，分层混乱，常见有丝分裂，尤其在表层，有些上皮细胞的核内有包涵体，染色质边缘化；增生物不侵入表基，也不转移。

【防治方法】

（1）预防　加强综合预防措施，严格执行检疫制度；流行地区改养对该病不敏感的鱼类；升高水温或减少养殖密度也有预防效果。鱼池用生石灰彻底清塘消毒，有病鱼或病原体的水域需做消毒处理，最好不用作水源；隔离病鱼，并不得留作亲鱼。

（2）治疗　发病池塘应及时灌注新水或转池饲养；水库网箱则可通过转移网箱加以控制。

① 二溴海因或溴氯海因按 0.2～0.3 克/米^3 的浓度全池泼洒，对缓解病情和治疗疾病有一定效果。

② 内服三黄散有一定效果。

3. 鲤春病毒血症

【病原体】鲤春病毒血症病毒。

【症状】此病潜伏期 6～10 天，发病后，体色变黑，呼吸缓慢，侧游、突眼，腹部膨胀，腹腔内有渗出液，最后失去游泳能力而死亡。目检病鱼，可见两侧有浮肿红斑，体表轻度或重度充血，鳍基发炎，有肠炎症状，肛门红肿突出，常排出长条黏液，随着病情的发展，腹部明显肿大，眼球向外突出，鳃苍白，肌肉也因出血而呈红色，有时可见竖鳞。解剖病鱼，可见腹腔有血水，肝脏及心肌局部坏死，心肌炎，心包炎，肠道、肝、脾、肾及鳔等器官充血、发炎。

【防治方法】

① 加强综合防治措施，严格检疫和用消毒剂彻底消毒。

② 水温提高到 22℃ 以上。

③ 可采用 2～5 克聚维酮碘拌饲投喂 100 千克鱼，10～15 天为一个疗程。同时采用浓度为 0.7 克/米^3 的硫酸铜全池泼洒或每亩

用 10～15 千克生石灰制成石灰水泼洒。

④ 选育有抵抗力的品种。

提示：本病是《中华人民共和国动物防疫法》规定管理的二类动物疫病。无有效治疗方法，发现疫病或疑似病例，必须销毁染疫动物，同时彻底消毒养殖设施。

4. 传染性胰脏坏死病

【病原体】传染性胰脏病病毒（IPNV）。

【症状】传染性胰脏坏死病的潜伏期为 6～10 日。病鱼的特征之一是生长发育良好、外表正常的苗种突然死亡，并出现突然离群狂游、翻滚、旋转等异常游泳姿势，随后停于水底，间歇片刻后重复上述游动，不久便沉入水底而死。病鱼体色发黑，眼球突出，腹部膨大，并在腹鳍的基部可见到充血、出血，肛门常拖一条灰白色粪便。解剖病鱼进行检查，可见有腹水，病鱼胰脏充血，幽门垂出血，组织细胞严重坏死；肝、脾、肾苍白贫血，也有坏死病灶，胃出血，肠道内无食物，有乳白色透明或淡黄色黏液，这些黏液样物在 5%～10% 的福尔马林中不凝固，这一特征具有诊断价值。

【防治方法】

① 加强综合防治措施，建立严格检疫制度，严格隔离病鱼，不得留作亲鱼。

② 发现疫情要进行严格消毒，切断传染源，防治水污染，建立独立水体，强化鱼卵孵化和鱼苗培育的消毒处理。

③ 鱼卵（已有眼点）用浓度为 50 克/米^3 的复方聚维酮碘浸浴 15 分钟。

④ 将大黄研成末，按每千克鱼用药 5 克的剂量拌入饲料中投喂，连喂 5 天为 1 疗程。

⑤ 把水温降低到 10℃ 以下，可降低死亡率。

⑥ 发病早期用聚维酮碘拌饲投喂，每千克鱼每天用药 1.64～1.91 克，连喂 15 天。

⑦ 每 2500 尾 0.4 克仔鱼投喂 3 毫克植物血凝素，分两次投

喂,间隔15天,据报道此法对预防该病有一定效果。

5. 传染性造血器官坏死病

【病原体】传染性造血器官坏死病病毒。

【症状】病鱼首先游动缓慢,顺流飘起,摇晃摆动,时而出现痉挛,继而浮起横转,往往在剧烈游动后不久即死。此时,出现的狂游是病鱼的特征之一。病鱼体色发黑,眼球突出,腹鳍基部充血、贫血,腹部因腹腔积水而膨胀,肝、脾水肿并变白;口腔、骨骼肌、脂肪组织、腹膜、脑膜、鳔和心包膜常有出血斑点,肠出血,鱼苗的卵黄囊也会出血;胰脏坏死,消化道的黏膜变性、坏死、剥离。病后的鱼脊椎弯曲。

【防治方法】

① 加强综合防治措施,严格执行检疫制度,不将带有病毒的鱼卵、鱼苗、鱼种及亲鱼运入。

② 鱼卵(已有眼点)用聚维酮碘消毒,每10升水中加聚维酮碘50毫升,药浴15分钟。

③ 用传染性造血组织坏死病组织浆灭活疫苗浸泡免疫,保护率可达75%。

④ 鱼卵孵化及苗种培育阶段将水温提高到17~20℃,可防止此病发生。

⑤ 大黄等中草药拌饲投喂,有防治作用。

6. 病毒性出血性败血症

【病原体】艾特韦病毒。

【症状】本病有三种类型:

(1)急性型 发病迅速,死亡率高。病鱼体色发黑,贫血,眼球突出,眼和眼眶四周以及口腔上颌充血或出血,胸鳍基部及皮肤出血,鳃苍白或呈花斑状充血,肌肉脂肪组织、鳔、肠均有出血症状,肝、肾水肿,变性坏死,骨骼肌有时发生玻璃样变、坏死。

(2)慢性型 感染后病程较长,死亡率低。病鱼体色发黑,眼显著突出，严重贫血，鳃丝肿胀，苍白贫血，很少出血，肌肉和内脏均有出血症状，并常伴有腹水；肝、肾、脾等颜色变浅。

（3）神经性型　主要表现为病鱼运动异常，在水中静止、旋转运动、时而狂游、跳出水面或沉入水底，有时侧游。目检观察，腹腔收缩，体表出血症状不明显。病程较慢，在数天内逐渐死亡，死亡率低。

【防治方法】

① 加强综合防治措施，建立严格检疫制度，严格隔离病鱼，不得留作亲鱼。

② 发现疫情要进行严格消毒，切断传染源，防治水污染，建立独立水体，强化鱼卵孵化和鱼苗培育的消毒处理。

③ 鱼卵（已有眼点）用浓度为 50 克/米^3 的聚维酮碘浸浴 15 分钟。

④ 将大黄研成末，按每千克鱼用药 5 克的剂量拌入饲料中投喂，连喂 5 天为 1 疗程。

⑤ 把水温降低到 10℃ 以下，可降低死亡率。

⑥ 发病早期用聚维酮碘拌饲投喂，每千克鱼每天用药 1.64～1.91 克，连喂 15 天。

⑦ 每 2500 尾 0.4 克仔鱼投喂 3 毫克植物血凝素，分两次投喂，间隔 15 天，据报道此方法对预防该病有一定效果。

7. 鳗狂游病

【病原体】鳗冠状病毒样病毒。

【症状】发病前出现异常抢食、食欲极为旺盛的现象，数日后可见个别鳗不摄食、离群、在水中上下乱窜，或旋转游动，或倒退游动，间或头部阵发性痉挛状颤动或扭曲，有的侧游或在水面呈挣扎状游动，急游数秒后沉入水中，再上浮呈挣扎状游动。随后大量病鳗聚集于鳗池中央排污口周围静卧，呈极度虚弱状，对外界刺激反应迟钝，病鱼体表黏液脱落，徒手能捞起，嘴张开，不久后即死亡。检查鳗体，可见少部分病鳗出现肌肉痉挛，躯体出现多节扭曲，胸部皮肤出现褶皱，鳍红、烂鳃烂尾等症状。死鳗数量也迅速增加，死亡率为90%以上。死亡病鳗表现为躯体僵硬，头上仰，有时口张开，下腭有不同程度的充血和溃疡，有的病鱼的口腔、臀鳍、尾部也见充血或有溃疡。多数病鱼鳃丝鲜红。肝肾肿大，其他脏器肉眼可见变化不明显。

【防治方法】

① 加强综合防治措施，严格执行检疫制度。注意保持水环境相对稳定，防止水温变化较大。

② 在鳗池上设置遮阳棚，避免阳光直接照射。

③ 定期用二氯异氰脲酸钠粉或漂白粉消毒。

④ 发病时，在饲料中添加一些抗菌抗病毒药物，有一定疗效。每千克鱼每天用诺氟沙星10～30毫克，病毒灵（吗啉双胍）30～50毫克拌入饲料投喂，连服5～7天。

8. 鳗鲡出血性开口病

【病原体】是一种披膜病毒。

【症状】患病鳗鲡表现为严重出血，主要是颅腔出血，其次是口腔及头部肌肉出血。上颌、下颌、鳃盖、胸鳍及皮肤充血，臀鳍充血最为明显，甚至上颌、下颌萎缩变形。病鱼骨质疏松，易发生骨碎裂，颅腔出现"开天窗"；齿骨与关节骨之间的连接处松脱，口腔常张开，不能闭合。肝、脾、肾肿大，极度贫血。

【防治方法】以预防为主，防治方法同鳗狂游病。

9. 斑点叉尾鮰病毒病

【病原体】斑点叉尾鮰病毒（CCVD），属疱疹病毒，病毒粒子直径是175～200纳米。

【症状】此病主要危害当年鱼，水温25℃时会突然暴发，发病急，死亡率高。病鱼食欲下降，甚至不食，离群独游，反应迟钝；有20%～50%的病鱼尾向下，头向上，悬浮于水中，出现间歇性的旋转游动，最后沉入水底，衰竭而死。病鱼鳍条基部、腹部和尾柄基部充血、出血，以腹部充血和出血更为明显；腹部膨大，眼球单侧或双侧性外突；鳃苍白，有的发生出血；部分病鱼可见肛门红肿外突。剖检病鱼可见腹腔内有大量淡黄色或淡红色腹水，胃肠道空虚，没有食物，其内充满淡黄色的黏液；心、肝、肾、脾和腹膜等内脏器官发生点状出血；脾脏往往色浅呈红色，肿大；胃膨大，有黏液分泌物。

【防治方法】

① 消毒与检疫是控制CCVD流行的最有效方法，含氯消毒剂在有效氯含量20～50克/米^{3}时，可有效杀灭CCVD。因此，用氯制剂加强水体、鱼体和用具的消毒，同时严格执行检疫制度，避免病毒从疫区传入非疫区。

② 避免用感染了CCVD的亲鱼产卵和繁殖。由于CCVD感染亲鱼后，可通过垂直传播感染鱼苗、鱼种，因此只有无抗CCVD中和抗体和没有该病病史的亲鱼才能用于繁殖产卵。

③ 降低水温，终止CCVD的流行。在CCVD流行时，引冷水入发病池，降低水温到15℃可终止CCVD的流行，从而降低死亡率，以减少CCVD造成的损失。

④ 防止继发感染，在CCVD流行时，可在饵料中适当添加抗生素，如四环素、诺氟沙星等，防止细菌继发性感染而加速病鱼的死亡。

⑤ 减少应激，给予充足的溶氧，在CCVD流行时，应注意保持好的水质，溶氧应尽量保持在5克/米^{3}以上，同时应减少或避免一些应激性的操作，如拉网作业等，以降低病鱼的死亡率。

⑥ 免疫预防。目前，国外已研制了灭活苗、弱毒苗和亚单位苗，试验证明都具有较好的保护作用，但都因为成本较高或免疫途径不方便而没有得到很好的推广与应用。

10. 鲑疱疹病毒病

【病原体】鲑疱疹病毒。

【流行情况】该病只在北美流行，在日本的鲑科鱼类中也发现有疱疹病毒感染,但与此不同。主要危害虹鳟、大麻哈鱼和大鳞大麻哈鱼的鱼苗鱼种。在10℃以下最易感染。

【症状】病鱼不活泼,食欲减退,消化不良。间隙性狂游,临死前呼吸急促。病鱼大多数体色正常,突眼、口腔、眼眶、鳃和皮肤出血。肝呈"花肝状",肾苍白、不肿大,心肿大、坏死。病理切片显示心脏水肿,肌纤维横纹消失;有时呈玻璃样坏死;鳃小瓣上皮组织与结缔组织分离,假鳃广泛水肿,充血坏死;肾小管细胞细胞质变浑浊,细胞肿胀变性;肝脏组织水肿,出血;肠组织坏死,黏膜脱落。

【防治方法】

① 严格执行检疫制度,进行综合预防。不从疫区引进鱼卵及苗种。

② 提高鱼卵孵化和鱼苗饲养的水温,一般维持在16~20℃可控制疾病的发生和发展。

③ 鱼苗在浓度为40毫克/米^{3}聚维酮碘溶液中每天药浴30分钟有一定效果。

11. 鲤鳔炎

【病原体】属弹状病毒。

【流行情况】1958年在苏联流行,以后主要在德国、匈牙利、波兰、荷兰等欧洲国家流行。流行温度为15~22℃。主要危害鲤等,2月龄以上最易感染,发病急,死亡快,死亡率高,最高可达100%。

【症状】病鱼体色发黑、贫血、消瘦、反应迟钝,有神经症状,狂游、侧游,腹部膨大。鳔组织发炎、增厚,鳔内腔变小,内充满黏液。皮肤以及内脏等器官有小的斑点到较大棕色斑块。

【防治方法】

① 加强综合防治措施,严格执行检疫制度,定期消毒。

② 亚甲基蓝拌饲投喂有效,用量为1龄鱼每尾每天20~30毫克,2龄鱼每尾每天40毫克。

③ 每千克鱼用 10~30 毫克氟苯尼考拌饲投喂，每天 1 次，连喂 3~5 天，减少继发性细菌感染，可以减少死亡。

12. 鳜暴发性传染病

【病原体】暂定为鳜病毒（SCV）或鳜传染性肝、肾坏死病毒（SILRNV）。

【流行情况】本病发生于鳜单养池中，主要发生于鱼种和成鱼养殖阶段，大多呈急性流行，发病率在 50% 左右，死亡率可达 50%~90%。发病季节在广东省为 5~10 月，高峰期为 7~9 月。23~25℃ 是适合该病流行的水温，而 28~30℃ 是其最适流行水温。20℃ 以下时，鳜鱼一般不发病。

【症状】病鱼上颌、下颌及口腔周围、鳃盖、鳍条基部、尾柄处充血；鳃颜色苍白，眼睛突出；贫血，剖检可见，肝、肾、脾上有出血点，肝肿大坏死，胆囊肿大。

【防治方法】
① 加强综合防治措施，严格执行检疫制度，定期消毒。
② 改变养殖模式，尽量采用混养模式。
③ 灭活疫苗可以有效预防本病，保护率达 80% 以上。

二、细菌性鱼病

由细菌感染养殖鱼类而发生生理变化，甚至死亡的疾病叫细菌性鱼病。细菌性鱼病种类很多，危害严重的主要是革兰氏阴性杆菌引起的疾病，是鱼类养殖业中主要的病害之一，也是导致损失最严重的一类鱼类病害，甚至造成池塘养殖鱼类 100% 的死亡。

1. 细菌性烂鳃病

【病原体】柱状黄杆菌（曾用名：鱼害黏球菌、柱状嗜纤维菌、柱状曲绕杆菌、嗜纤维黏细菌）。

【症状】病鱼体色发黑，尤其头部最为严重，所以渔民又称此病为"乌头瘟"；病鱼离群独游，行动缓慢，反应迟钝，不吃食，对外界刺激失去反应；呼吸困难。发病缓慢，病程较长者，鱼体消瘦。肉眼检查，有时可见鳃盖内表面的皮肤充血发炎，中间部分常糜烂成一圆形或不规则形的透明小窗，俗称"开天窗"。病鱼鳃盖内表皮出现充血，鳃丝上黏液增多，鳃丝肿胀，鳃的某些部位因局部缺血而呈淡红色或灰白色；有的部位则因局部瘀血而呈紫红色，末端腐烂，软骨外露，鳃上带有黏液和污泥。

【防治方法】

（1）预防措施　鱼池用生石灰或漂白粉彻底清塘消毒；加强饲养管理，保持优良水质；发病季节定期用漂白粉或二氯异氰脲酸钠粉挂篓，或用辣蓼粉、乌桕叶等药饵投喂，尤其是食场周围；养殖池施肥时，不要直接施用未经发酵的草食动物粪便。

（2）治疗方法　外用药，任用下列一种：

① 漂白精（含有效氯60%）全池泼洒，使池水中浓度为 0.4～0.5 克/米^3。

② 二氯异氰脲酸钠粉全池泼洒，使池水中浓度为 0.6 克/米^3。

③ 二溴海因或溴氯海因全池泼洒，使池水中浓度为 0.2～0.3 克/米^3，病重时隔两天再全池泼洒 1 次。

④ 五倍子全池泼洒（五倍子要先磨碎，用开水浸泡 1～2 小时），使池水中浓度为 2～4 克/米^3。

⑤ 5 克/米^3 光合细菌全池泼洒，兼有预防、治疗及改善水质的作用。

内服药，在泼洒外用药的同时，选用下列任一种内服药投喂，则疗效更好。

① 用庆大霉素（含 500 万～1000 万单位）拌饲投喂，连服 3～6 天，用量为 5～10 克/千克。

② 每 100 千克鱼每天用 250 克鱼服康拌饲投喂，连喂 3～6 天。

③ 大黄用其 20 倍质量的 0.3% 的氨水浸泡后，连水带渣全池泼洒，浓度为 2.5～3.7 克/米^3（按大黄质量计）。

④ 每千克鱼每天用复方新诺明 10～20 毫克，或者诺氟沙星 20～

50毫克，制成药饵，连续投喂3～5天。

⑤ 每100千克鱼每天用20克磺胺嘧啶拌饲投喂，连喂3～6天，第一天用量加倍。

⑥ 穿心莲：每100千克鱼用干穿心莲0.5千克，水煮2小时，拌饲料投喂，连喂3～5天。

2. 淡水鱼类暴发性败血症

【病原体】根据目前的研究，有嗜水气单胞菌、温和气单胞菌等。

【症状】早期急性感染时，病鱼的上下颌、口腔、鳃盖、眼睛、鳍基轻度充血，严重时鱼体表严重充血以至出血，眼眶周围也充血，鳃丝苍白等，尤以鲢、鳙为甚。随着病情的发展，体表各部位充血症状加剧，眼球突出，腹部膨大，肛门红肿。解剖病鱼，可见鳃灰白，有时紫色，严重时鳃丝末端腐烂。腹腔内有淡黄色透明或红色浑浊腹水，肝、脾、肾肿大，脾呈紫黑色，胆囊肿大，肠系膜、腹膜及肠壁充血，肠管内无食物，肠内积水或有气，有的鳞片竖起。病鱼有时突然死亡，眼观上看不出明显症状，这是由于这些鱼的体质弱，病原菌侵入的数量多、毒力强，引起了超急性病例。病情严重的鱼厌食或不吃食，静止不动或发生阵发性乱游、乱窜，有的在池边摩擦，最后衰竭死亡。

【防治方法】

（1）预防措施

① 彻底清塘。

② 严禁近亲繁殖，提倡就地培育健壮鱼种。

③ 鱼种下池前用嗜水气单胞菌疫苗（中国水产科学研究院珠江水产研究所研制）浸泡10～30分钟，可减少发病，保护期为1年以上，可帮助鱼种安全度过高温季节。

④ 加强饲养管理，多投喂天然饲料及优质饲料，正确掌握投饲量，提倡少量投、多次喂。

⑤ 在该病流行季节（5月底至8月底），每月使用1次生石灰

(1.5 米水深，每亩用 15 千克），6～8 月份每月（不超过 4 次）使用水体消毒剂消毒（1.5 米水深，每亩用 500 克）。

⑥ 在发病鱼池用过的工具，要进行消毒，病死鱼要及时捞出深埋，不能到处乱扔。

⑦ 放养密度及搭配比例应根据当地条件、技术水平和防病能力决定。

⑧ 加强巡塘工作，每月对鱼进行抽样检查 2 次。

（2）治疗措施

① 外用漂白粉全池遍洒，使池水中浓度为 0.3 克/米^3，杀灭鱼体外寄生虫。

② 每 100 千克鱼用氟苯尼考 10 毫克拌入 2.5～3 千克饲料中投喂，连用 3～5 天。

③ 每 100 千克鱼用诺氟沙星 1 克拌在饲料中投喂，连喂 3～5 天。

④ 1 米水深，每亩用贯众 1500 克，切片，加开水 5～7 千克，浸泡 12 小时，再加明矾 500 克，生石灰 30 千克化浆兑水全池泼洒。

⑤ 治疗 10 天左右后，全池遍洒生石灰 1 次，以调水质。

3. 赤皮病

【病原体】荧光假单胞菌。

【症状】病鱼体表局部或大部出血发炎，鳞片脱落，特别是鱼体两侧和腹部最为明显，好似被擦伤，故又称为"擦皮瘟"或"赤皮瘟"。鳍的基部或整个鳍充血，严重的全部鳍基充血、发炎，鳍条末端腐坏、鳍梢部常烂去一段，鳍的组织被严重破坏，使鳍条呈扫帚状，称为"蛀鳍"。鳞片脱落处或鳍条腐烂处常有水霉寄生，加重病情。病鱼行动迟缓，离群独游，不久即死去。

【防治方法】

（1）预防措施　放养、捕捞时，尽量避免鱼体受伤；其他预防措施与细菌性烂鳃病相同。

(2) 治疗方法

① 鱼种放养前,可用 5～8 克/米^3 漂白粉浸洗鱼体 20～30 分钟,以鱼能耐受为限。

② 内服药常用磺胺噻唑,每 100 千克鱼,用药 35 克,制成药饵或拌入饵料,分 6 天投喂,其中第一天用药量应加倍。

③ 漂白粉 1 克/米^3,全池泼洒,连用 2 天;或二氯异氰脲酸钠粉 0.3～0.5 克/米^3,全池泼洒;或五倍子 2～4 克/米^3,全池泼洒。

4. 细菌性肠炎

【病原体】肠型点状气单胞菌、豚鼠气单胞菌等。

【症状】病鱼体色发黑,头部尤其乌黑。离群独游,反应迟钝,食欲减退以至完全不吃食。病情严重时,腹部膨大,两侧常有红斑,明显"蛀鳍"。肛门红肿突出,呈紫红色,轻压腹部或将病鱼的头部提起,有黄色黏液和血脓从肛门流出。剖开腹部,可见腹腔积水,肠壁充血发炎,肠管呈红色或紫红色,肠内无食,有黄色黏液。肝脏也常有红色斑点淤血。

【防治方法】

(1) 预防措施

① 彻底清塘消毒,实行"四消""四定"等预防措施。

② 鱼种放养前用浓度为 10 克/米^3 的漂白粉浸浴 15～20 分钟。

③ 发病季节定期投喂药饵和用含氯消毒剂全池遍洒(参照治疗方法)。

(2) 治疗措施(内外结合方法,外消内服)

① 用二氯异氰脲酸钠粉全池泼洒,使池水中浓度为 0.5 克/米^3。

② 用三氯异氰脲酸粉全池泼洒,使池水中浓度为 0.3 克/米^3。

③ 每 100 千克鱼用大蒜头 500 克(捣烂)、食盐 400 克拌在 10 千克饲料中投喂,连喂 3～6 天。

5. 竖鳞病

【病原体】水型点状假单胞菌。

【症状】病鱼离群独游，游动缓慢，严重时呼吸困难，对外界刺激失去反应，身体失去平衡。病鱼局部或全部鳞片向外张开，如同松球，鳞片基部的鳞囊内积聚半透明或含血的渗出液，使鳞囊水肿、鳞片竖起，故又称"鳞立病"；若用手稍压鳞片，鳞囊中的液体即会喷出来。随着病情的发展，鳞片脱落。病鱼常伴有鳞基部、体表皮肤轻微充血，以及眼球突出、腹部膨胀等症状，皮肤、鳃、肾、肝、脾、肠组织都有不同程度的损伤。这样持续2~3天后即死亡。

【防治方法】

① 在捕捞等操作中，应尽量小心，不要使鱼体受伤。

② 口服磺胺二甲嘧啶（SDM），每100千克鱼每天用10~20克，混入饲料投喂，连喂4~5天。

③ 口服诺氟沙星，每100千克鱼每天用10~30毫克，混入饲料中投喂，连喂3~7天。

④ 每20千克水中，加入捣烂的大蒜100克，浸浴病鱼10分钟，每天1次，连续2~3天。

⑤ 亲鱼患病可注射硫酸链霉素15~20毫克/千克体重；轻轻压破鳞囊的水肿泡，勿使鳞片脱落，用10%温盐水擦洗，再涂以碘酊，肌内注射磺胺嘧啶钠2毫升，有明显效果。

6. 打印病

打印病又名腐皮病。

【病原体】嗜水气单胞菌、温和气单胞菌等革兰氏阴性菌。

【症状】病灶部位主要在背鳍和腹鳍附近的躯干部分，尤其是在肛门上方或尾柄的两侧。亲鱼病灶部位不固定。初期症状是皮肤出现红斑，有时似脓包状，随着病情的发展，鳞片脱落，肌肉腐烂，直至烂穿，露出骨骼和内脏。病灶呈圆形或椭圆形，边缘充血发红，似打上一个红色的印章，故叫"打印病"。病鱼身体瘦弱，游动迟缓，食欲减退，最终衰竭死亡。

【防治方法】

(1) 预防措施

① 用生石灰彻底清塘。在气温较高季节，经常加注新水，并保持池水清洁，可减少此病发生。

② 在发病季节，用漂白粉全池泼洒，使池水中浓度为 1 克/米^3。也可用浓度为 0.4 克/米^3 的三氯异氰脲酸粉全池泼洒。

(2) 治疗措施

① 全池泼洒含氯消毒剂，用量见烂鳃病。

② 注射硫酸链霉素，每千克鱼注射 10～20 毫克。

③ 亲鱼患病可用 1% 高锰酸钾溶液清洗病灶，病灶处涂敷四环素类软膏。病情严重时则需肌内注射或腹腔注射硫酸链霉素，每千克鱼为 20 毫克。

7. 白皮病

【病原体】白皮假单胞菌。

【症状】发病初期，病鱼背鳍下方或尾柄处发白，尾鳍末端也有些发白，并迅速蔓延扩大，致使自背鳍基部后面的体表全部呈现白色，俗称"白皮花腰"。接着臀鳍后方、尾柄基部皮肤腐烂，尾鳍残缺不全。整个鱼体前半部乌黑，后半部灰白，黑头白尾极为明显。病鱼行动迟缓，不久头部向下，尾部朝上，身体与水面垂直悬于水中，时而挣扎状游泳，很快死去。

【防治方法】

(1) 预防措施

① 鱼池要彻底清塘消毒，发病季节要挂药篓或投药饵预防。

② 夏花应及时分塘，捕捞、运输、放养时，应尽量避免鱼体受伤，体表有寄生虫寄生时，要及时杀灭；保持鱼池水质清洁，不使用未发酵的粪肥。

(2) 治疗方法

① 用水体漂白粉全池泼洒，使池水中浓度为 10 克/米^3。

② 发病时也可用中草药五倍子，磨碎后浸泡过夜全池泼洒，使池水中浓度为 3 克/米^3。

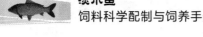

③ 每千克鱼每天用诺氟沙星 10~30 毫克，拌饲投喂，连喂 3~5 天。

④ 每千克鱼每天用磺胺二甲嘧啶 100~200 毫克拌饲投喂，连喂 5~7 天。

⑤用韭盐合剂（民间配方），水深 1 米，每亩用鲜韭菜 2~2.5 千克，食盐适量（约 250 克）混合捣烂与豆饼或其他饼类拌和投喂，每天 1 次，连喂 3 天。

8. 白嘴白头病

【病原体】是一种黏细菌，病原性质尚未完全查明。

【症状】开始发病时尾鳍末端有些发白，随着病情的发展，病鱼自吻端至眼球的一段皮肤溃烂，额部和嘴的周围色素消失，变成乳白色，蔓延部分全部呈现白色。由于大量致病菌的存在，使这些部位显出灰白色的茸毛状，隔水看去，头前端和嘴部发白。病鱼口唇肿胀，张闭失灵，呼吸困难，浮头，时而挣扎状游泳，时而悬浮于水中，不久即死亡。

【防治方法】

（1）预防措施　鱼苗放养的密度要适中，养殖期间要适时分塘；平时要加强鱼塘管理，保证鱼苗有充足的饲料和良好的环境。其他预防措施与细菌性烂鳃病的预防相似。

（2）治疗方法

① 发病初期可用 1 克/米^3 漂白粉全池泼洒，连用 2 天；亦可用二氯异氰脲酸钠粉 0.3 克/米^3 全池泼洒。

② 用庆大霉素（含 500 万~1000 万单位）拌饲投喂，连服 3~6 天，用量 5~10 克/千克饲料。

③ 每 100 千克鱼每天用 250 克鱼服康拌饲投喂，连喂 3~6 天。

④ 大黄用其 20 倍质量的 0.3% 的氨水浸泡后，连水带渣全池遍洒，浓度为 2.5~3.7 克/米^3（按大黄质量计）。

9. 鲤白云病

【病原体】 病原菌为恶臭假单胞菌和荧光假单胞菌。

【症状】 发病初期，病鱼体表出现小斑状白色黏稠物，容易被忽视。随后，黏稠物逐渐蔓延，形成一层白色薄膜，其中头部、背部、鳍条等处最为明显。病鱼食欲减退，离群独处，靠近网箱边缘缓慢游动，严重时出现"蛀鳍"、鳞片松动、皮肤溃烂等症状，最后陆续死亡。

【防治方法】

（1）预防措施

① 越冬前做好鱼种消毒工作，加强越冬前投喂，使鱼有足够的体力储备越过漫长的冬季。

② 越冬后，及时投喂，使用优质饵料，食量要充足，以使鱼尽快恢复健康，预防疾病发生。

③ 发病季节，定期在网箱内外采用氯制剂挂篓或挂袋法，做好药物预防工作。

（2）治疗方法

① 发病初期可用 10 克/米^3 漂白粉浸浴。

② 用庆大霉素（含 500 万～1000 万单位）拌饲投喂，连服 3～6 天，用量 5～10 克/千克（饲料）。

③ 每 100 千克鱼，每天用磺胺-6-甲氧嘧啶 5～10 克拌饲投喂，连喂 4～6 天。第一天剂量加倍。

10. 疖疮病

【病原体】 疖疮型点状产气单胞菌。

【症状】 此病发病部位不定，但以靠近背部较为常见。发病初期，鱼体背部皮肤和肌肉组织发炎、红肿，接着出现脓疮，有浮肿感。脓疮内充满血脓和大量细菌。病鱼鳍基常充血，轻度或严重"蛀鳍"。病情严重的鱼，肠道也充血、发炎，鳞片松动脱落，用手按或用刀切开，即有血脓流出，有时可见肌肉溃疡、坏死，自然溃破时，溃破处形似火山口。

【防治方法】

（1）预防措施　放养、捕捞时，尽量避免鱼体受伤；其他预防措施与细菌性烂鳃病相同。

（2）治疗方法

① 鱼种放养前，可用 5～8 克/米^3 漂白粉浸洗鱼体 20～30 分钟，以鱼能耐受为限。

② 内服药常用磺胺嘧啶，每 100 千克鱼用药 35 克，制成药饵或拌入饵料，分 6 天投喂，其中第一天用药量应加倍。

③ 漂白粉 1 克/米^3，全池泼洒，连用 2 天；或二氯异氰脲酸钠粉 0.3～0.5 克/米^3，全池泼洒；或五倍子 2～4 克/米^3，全池泼洒。

11. 罗非鱼溃烂病

【病原体】国内外报道的病原有嗜水气单胞菌嗜水亚种、荧光假单胞菌、迟缓爱德华氏菌和链球菌等。

【症状】按症状表现可分为两个类型。

（1）体表溃烂型　主要表现为体表鳞片竖起，并逐渐脱落，病灶溃烂成红的斑块状凹陷，肌肉外露，严重时深入骨骼，溃烂成洞穴。患处无特定部位，可分布于头部、鳃盖、鳍条及躯干等各个部分，病灶多时可达数十个。解剖可见肝发生病变，由肉红色变成褐色，胆由淡绿透明变成墨绿色，体积可增大 1 倍。

（2）肠炎型　主要表现为肛门及肛门附近的皮肤发红，解剖可见肠也发红，症状较轻。

【防治方法】

① 越冬池要清洗后彻底消毒。

② 罗非鱼进入越冬池前用 3‰～4‰ 食盐水溶液浸浴 5～10 分钟。

③ 加强越冬管理，定期泼洒石灰乳，浓度为 15～20 克/米^3，保持水质微碱性，水温控制在 20℃ 左右，投饲宜少而精，注意经

常换水，保持水质良好。

④ 发病时可用溴氯海因粉（水产用）、二氯异氰脲酸钠粉全池泼洒，使池水中浓度为 0.3～0.4 克/米³。

⑤ 复方新诺明拌饲投喂，每千克饲料添加 1～1.5 克，连喂 3～5 天。

⑥ 漂白粉全池泼洒，使池水中浓度为 0.2～0.3 克/米³。

12. 乌鳢诺卡氏菌病

【病原体】诺卡氏菌。

【症状】患病乌鳢表现为腹部肿大，腹部表皮有时充血、出血。个别病鱼眼部出现肿块，呈堆积小瘤状，角膜混浊，炎性细胞浸润，纤维素性浆液渗出。剖检病鱼可见肝、肾、脾、肠长满黄豆大小的黄色瘤状脓包，针刺有淡黄色脓液流出，胆囊肿大，壁变薄，胆汁稀薄，色淡。

【防治方法】

① 鱼种入塘前要彻底清塘，挖出过多淤泥。

② 降低鱼种放养密度，冷冻小杂鱼投喂前要消毒。

③ 鱼病流行季节，定期泼洒生石灰，预防疾病，改良水质。

④ 从药敏试验结果来看，致病菌对青霉素和红霉素较敏感。发病池塘可用青霉素或红霉素拌饲投喂，使用量为每 100 千克鱼 2～3 克。

13. 体表溃疡病

【病原体】病原是嗜水气单胞菌嗜水亚种和温和气单胞菌。

【症状】发病初期，病鱼体表出现数目不等的斑块状出血，血斑周围鳞片松动；之后，病灶部位鳞片脱落，表皮发炎溃烂，周边充血。随着病情发展，病灶扩大，并向深层溃烂，露出肌肉，有出血或脓状渗出物，严重时肌肉溃疡腐烂露出骨骼和内脏，最后死亡。本病与打印病症状差别在于病灶形状不规则；无特定的部位，头部、鳃盖、躯干各处均可发生，而且通常有多个甚至几十个病灶。

【防治方法】

① 鱼池必须清塘消毒，放养密度要适当。

② 鱼种放养前应用4％的食盐水洗浴5～10分钟或用2％食盐和3％碳酸氢钠（小苏打）混合液浸洗10分钟。

③ 坚持经常换水，保持水质清新。发病季节每半月泼洒1次生石灰（每立方米水体20克左右）。

④ 治疗方法同赤皮病。

三、真菌性鱼病与藻类病

真菌在自然界广泛分布，存在于土壤、空气或水中，在动植物的表面和体内也能生存。危害水产动物的真菌主要有水霉、绵霉、丝囊霉菌、鳃霉、鱼醉菌、镰刀菌以及链壶菌等。水产动物病原真菌危害较大，危害对象可以是多种水产动物的幼体和成体，也可以危害其卵。传染来源既有外源性也有内源性。其发生与否与鱼体的健康状况和温度等环境因素密切相关，由于杀灭真菌的药物对机体有一定的毒副作用，真菌的抗体多数无抗感染作用，目前水产动物真菌病尚无十分有效的治疗方法，主要是进行早期预防和治疗。下面介绍两种最常见的鱼类真菌性疾病水霉病和鳃霉病。

1. 水霉病（肤霉病）

【病原体】在我国淡水鱼类的体表及卵上，现已发现的有十多种，其中最常见的是水霉属和绵霉属的一些种类。

【症状】当鱼体表皮肤因理化因素，或细菌、病毒和寄生虫等生物因素感染受损伤时，水霉侵入损伤部位，向内向外生长繁殖，入侵上皮及真皮组织，产生菌丝，引起表皮组织坏死。有时可见到菌丝入侵腹腔穿过肠壁后感染肝脏、脾脏、心脏、鳔等内脏器官，引起病鱼死亡。向外生长的菌丝，形成肉眼可见的白色棉絮状物，因此本病俗称"白毛病"。由于寄生于体表的霉菌能分泌大量蛋白质分解酶，机体受刺激后分泌大量黏液，病鱼开始焦躁不安、食欲

减退、游动无力,最后死亡。单性水霉可引起鲑科鱼类幼鱼的内脏真菌病,其最初侵入部位是胃的幽门部,随后菌丝在腹腔内大量生长繁殖。其主要原因可能是肠蠕动障碍或肠道堵塞,饵料滞留胃内,导致孢子发芽或菌丝发育,寄生于胃壁而引起损伤,并向其它脏器扩散。

在鱼卵孵化过程中,鱼卵因溶氧低等引起发育停止或死亡时,亦可感染水霉,菌丝入侵卵膜,卵膜外长出大量菌丝,产生"卵丝病",俗称"太阳籽"。

【防治方法】据倪达书报告,根据活鱼卵有抗霉素存在以及水霉菌腐生的本质,鱼卵阶段用药物预防生水霉病不是十分必要的,主要应该创造有利于鱼卵孵化的条件。近几年各地采用黏性卵的脱黏孵化法提高了孵化率。并且要注意的是在拉网、转运、操作时尽量仔细,勿使鱼体受伤。

(1) 预防措施 在放养前,用以下的一种或两种方法进行鱼体消毒。

① 8%二氧化氯,每立方米水体用15~25克,全池泼洒,15天一次。

② 生石灰,每立方米水体用15~25克,全池泼洒,成鱼池1月1次。

③ 5%的食盐水浸洗3分钟。

④ 用0.04%的碳酸氢钠溶液和0.04%的食盐水混合液长期浸泡。

⑤ 每立方米水体用五倍子2克煎汁,全池泼洒。

⑥ 鱼卵可用4%福尔马林浸洗2~3分钟。

关于产卵亲鱼水霉病的预防,可采用5%碘酊涂抹伤口,有一定预防效果。

(2) 治疗方法

① 高锰酸钾 15~20毫克/升浸浴鱼体15分钟。

② 食盐 用3%~4%的食盐水浸洗病鱼5分钟;或0.5%~0.6%的食盐水,进行较长时间的浸洗。

③ 食盐和碳酸氢钠　用0.04%的碳酸氢钠溶液和0.04%的食盐水混合液长时间浸洗病鱼。

④ 亚甲基蓝　每立方米水体用2～3克亚甲基蓝全池泼洒治疗水霉病，隔2天再泼洒1次。

⑤ 水霉净［苯扎溴铵溶液（水产用）］　用0.3～0.5毫克/升水霉净全池泼洒，每天1次，连续2～3次，每天换水1/3左右。

⑥ 在幼鳗患病早期，可将水温升高到25～26℃，多数可自愈。

⑦ 内服抗菌药（如磺胺类、抗生素等），以防细菌感染，效果更好。

2. 鳃霉病

【病原体】从我国鲤科鱼类和其它淡水鱼类感染的鳃霉的菌丝形态结构和寄生情况来看，致病种类主要有血鳃霉和穿移鳃霉两种不同的类型。

【症状】病鱼失去食欲，呼吸困难，游动缓慢，鳃上黏液增多。由于鳃霉在鳃上不断生长，一再延长，分枝，穿透鱼鳃的血管和软骨；破坏组织，堵塞微血管，使鳃瓣失去正常的鲜红色，呈粉红色或苍白色，常出现点状充血或出血现象，呈现"花鳃"，病重时鱼高度贫血，整个鳃呈青灰色，使呼吸机能受到很大影响，病情迅速恶化而死亡。

【诊断】用显微镜检查鳃丝，当发现鳃丝上有大量鳃霉寄生时，即可作出诊断。

【防治方法】

(1) 预防措施　冬季结合修整鱼池，清除池中过多淤泥，并用生石灰清塘；经常保持水的清洁，防止水质恶化，定期全池遍洒20毫克/升生石灰；施肥时，农家肥必须经过发酵处理；必要时全池泼洒漂白粉消毒。

(2) 治疗方法

① 注水转塘　发现此病迅速加入清水，或将鱼迁移到水质较瘦的池塘和流动的水体中，病情可停止发展。

② 每月全池遍洒 1~2 次浓度为 20 毫克/升的生石灰，或 1 毫克/升的漂白粉。

四、鱼类的寄生虫病

鱼类寄生虫病是指寄生于鱼体表面和体内的各种寄生物引起的疾病。这些寄生物通过掠夺鱼体营养、造成机械性创伤、产生化学刺激和毒素作用等方式来危害鱼类。

1. 原生动物病

由原生动物寄生引起的鱼类疾病，称作鱼类原生动物病，又称鱼类原虫病。原虫是单细胞生物，形态结构简单，个体小，肉眼不容易观察，寄生广泛。下面主要介绍几种常见的原生动物疾病：鞭毛虫病（鳃隐鞭虫病、颤动隐鞭虫病、鱼波豆虫病、椎体虫病、六鞭毛虫病），孢子虫病（球虫病、黏孢子虫病、微孢子虫病、单孢子虫病），纤毛虫病（斜管虫病、车轮虫病、小瓜虫病、半眉虫病、杯体虫病，隐核虫病），吸管虫病（毛管虫病），肉足虫病（内变形虫病）。

（1）鞭毛虫病　鞭毛虫的主要特征是以鞭毛作为运动器官，一般只有 1 个细胞核，无性生殖，纵分裂。它寄生于鱼的皮肤、鳃、血液和肠道。能引起鱼类大量死亡的有隐鞭虫和鱼波豆虫。

A. 鳃隐鞭虫病

【病原体】鳃隐鞭虫。

【症状】患鳃隐鞭毛虫病的病鱼，早期没有明显症状，当寄生数量多时，病鱼游动缓慢、呼吸困难，吃食减少，直至完全不吃食，鱼体发黑，鳃表皮细胞被破坏，鳃血管发炎，阻碍了血液正常循环，并能刺激鳃组织分泌大量黏液，掩盖鳃的未经破坏部分，使宿主呼吸困难，窒息而死。病鱼体表发黑、消瘦，鳃瓣鲜红、黏液多。

【防治方法】

a. 鱼塘用生石灰或漂白粉彻底清塘。

b. 加强水质管理，提高鱼体抗病能力。

c. 鱼种入池前，若发现鳃隐鞭虫，用 8 克/米^3 硫酸铜溶液（每立方米水中放药 8 克）浸浴，水温 15～20℃时，浸洗 15～20 分钟。

d. 此病流行期内，在食场上挂布袋（麻布袋）3～6 只。每袋装硫酸铜 100 克，硫酸亚铁 40 克，1 个疗程挂药 3 天，每天换药 1 次。一般每月挂药 1～2 个疗程。

e. 鱼塘中发生此病时，用 0.7 克/米^3 硫酸铜和硫酸亚铁（5∶2）合剂进行全池泼洒治疗。

B. 颤动隐鞭虫病

【病原体】颤动隐鞭虫。

【症状】此病早期没有明显症状，当寄生数量多时，则病鱼游动缓慢、呼吸困难、吃食减少，直至完全不吃食，鱼体发黑。此虫主要侵袭鱼的皮肤，有时鳃上也可以看到。主要危害 3 厘米以下的鱼种，使鱼幼嫩的皮肤或鳃组织被破坏，影响鱼种的生长和发育。病鱼身体发黑，日渐消瘦而死亡。

【防治方法】 同鳃隐鞭虫病。

C. 鱼波豆虫病（口丝虫病）

【病原体】漂游鱼波豆虫。

【症状】疾病早期没有明显症状，当漂游鱼波豆虫大量侵袭鱼的皮肤和鳃瓣，病情严重时，用肉眼仔细观察，可辨认出有暗淡的小斑点，皮肤上形成一层蓝灰色的黏液。被感染的鳃小片上皮坏死、脱落，使鳃丧失了正常的生理功能，导致病鱼呼吸困难。同时被该虫破坏的地方充血、发炎、糜烂，且往往被细菌或水霉感染形成溃疡。病鱼食欲不振，反应迟钝，感染鲤时，可引起鳞囊积水、竖鳞等症状。

【防治方法】

a. 同鳃隐鞭虫病。

b. 可用亚甲基蓝溶液全池泼洒治疗，使池水成 1～2 克/米^3 浓度,隔天重复全池泼洒1次,效果良好。

c. 用2.5%食盐水浸浴病鱼10~20分钟。

D. 锥体虫病

【病原体】我国已发现的锥体虫有20余种,如青鱼锥体虫、鲢锥体虫等。虫体呈狭长的叶片状,一根鞭毛。

【症状】锥体虫虽然是淡水鱼类中比较普遍的寄生虫,但是一般情况下在鱼体的寄生数量不多,从鱼的外表和血液都看不出明显的症状。严重寄生时病鱼表现为贫血、消瘦,易继发其他疾病引起死亡。

【防治方法】

a. 杀灭水蛭,生石灰200克/米^{3}带水清塘。

b. 对鱼种可将少量氨苯胂酸拌入饲料中喂鱼,能取得疗效。但此药有毒,禁止用于食用鱼。

E. 六鞭毛虫病

【病原体】中华六鞭毛虫、鲷六鞭毛虫。

【症状】六前鞭毛虫寄生在肠道内,当严重感染时,整条肠道都能发现,也可在胆囊、膀胱、肝脏、心脏、血液中找到,靠摄食宿主的残余食物为生。其致病作用目前尚无定论,一般认为无害或是继发作用。在草鱼后肠很常见。当患细菌性肠炎或寄生虫肠炎,此虫大量寄生时,加重肠道炎症,促使病情恶化。

【防治方法】用生石灰或漂白粉等清塘药物彻底清塘,消灭池中孢囊。

(2) 孢子虫病 孢子虫全部营寄生生活,是淡水鱼类寄生原生动物中种类最多、分布最广、危害较大的一种寄生虫,有些种类,可引起鱼类的大批死亡,或丧失商品价值,有的种类还是口岸检疫对象。

在我国淡水鱼类中寄生的孢子虫有4大类,即球虫、黏孢子虫、微孢子虫和单孢子虫,其生活史均在一个宿主体内完成。寄生在鱼类中的孢子虫,是原生动物中种类最多、分布最广的一类寄生虫。以球虫和黏孢子虫对鱼类的危害最大。

① 球虫病（艾美虫病）

【病原体】艾美虫。我国淡水鱼体内寄生的艾美虫已发现十余种，常见的有青鱼艾美虫、中华艾美虫、鲤艾美虫等。

【症状】我国淡水鱼类中寄生的艾美虫，致病最严重的是青鱼艾美虫。少量寄生时，青鱼没有明显症状，当大量寄生时，可引起病鱼消瘦、贫血、食欲减退、游动缓慢、鱼体发黑。它们寄生在青鱼肠道内，严重破坏肠细胞。在肠道前段的肠壁上，有许多白色小结节的病灶，肠管特别粗大，比正常的大2～3倍，这些小结节，就是由艾美虫的卵囊群集而成。严重时肠壁溃烂穿孔。病原体有时还蔓延至肝、肾、胆囊等器官。病鱼鳃瓣苍白，腹部膨大，失去食欲，游动缓慢。此病原体从夏花鱼种至青鱼成鱼均能感染，但大量死亡的往往是2龄青鱼。

【防治方法】

a. 用生石灰清塘，杀灭虫卵。根据青鱼艾美虫和住肠艾美虫对宿主有选择性的特点，进行鱼塘轮养。即今年饲养青鱼的池塘，明年改养别的鱼，有一定的预防效果。

b. 每50千克鱼用硫黄粉50克，或者碘1.2克配成碘液，拌在饲料内投喂，每天一次，连续投药饵4天。

c. 每100千克青鱼，用硫黄粉100克与面粉调成药糊，拌入豆饼制成药饵，每天投喂1次，连续4天，有一定疗效果。

② 黏孢子虫病

黏孢子虫是寄生于鱼类、两栖类和爬行类的一类寄生虫。目前已发现近千种，其中绝大部分寄生在鱼体中，只有极少种类寄生在两栖类、爬行类、环节动物和昆虫中。在鱼体各个器官、组织都可寄生，但大多数虫个体微小，需在高倍显微镜下观察才能观察到黏孢子虫的形态和结构。对养殖鱼类危害较严重的黏孢子虫病有下列8种。

A. 鲢四极虫病

【病原体】鲢四极虫。

【症状】由于鲢四极虫营养体密集成团，寄生于鲢的胆囊和胆管中，使胆管受阻塞并被破坏。影响鱼类对脂肪的消化和呼吸，使鱼的肥满度降低，特别是鲢越冬饥饿期间，寄生虫能大量消耗宿主养分。一般在越冬后期病鱼已虚弱，加上并发斜管虫病，容易引起大量死亡。病鱼表现鱼体消瘦、发黑，眼睛突出或眼圈出现点状出血，鳍基部和腹部变成黄色，肝呈淡黄色或苍白色，胆囊极大，充满黄色或黄褐色的胆汁，肠内充满黄色的黏状物，个别病鱼体腔积水。在越冬后常并发水霉病。

【防治方法】用生石灰彻底清塘，能杀灭塘底的孢子。可用盐酸环氯胍和亚甲基蓝混合剂治疗鲢四极虫病。每千克饲料拌入盐酸环氯胍1克和亚甲基蓝0.5克，先在盐酸环氯胍和亚甲基蓝中加入适量水制成溶液，然后混合拌入饲料，1小时后喂鱼。冬天3天喂一次，连喂10次为一疗程，相隔10天后再喂第二疗程。这样冬、夏连续治疗有很好的疗效。

B. 鲢碘泡虫病

【病原体】鲢碘泡虫。

【症状】鲢碘泡虫寄生在鲢的各器官组织，主要侵袭鲢的中枢神经系统和感觉器官，如脑、脊髓、神经（嗅觉、平衡、听觉等）。当鲢头部寄生着大量鲢碘泡虫孢子及其营养体时，其颅腔中的拟淋巴液会出现萎缩、变黄和干枯现象。由于虫体压迫中枢神经、剥夺营养物质和破坏平衡器官（内耳中的三个半规管），使动物机能紊乱，平衡机能失调，病鱼在水中狂游乱窜，常跳出水面，最终完全失去感觉和摄食能力而死亡，故又称疯狂病。病鱼的肝脏、脾脏萎缩。

【防治方法】

a. 地区间采购和运输鱼种须经过严格检疫，发现有些病原体感染的鱼种（如鱼种头部有白色孢囊），必须就地处理，严禁运出。

b. 在此病流行区内用于培育鱼苗至夏花阶段的池塘，必须彻底清塘。即排干塘水后，每亩施放生石灰125千克，能有效地杀灭在池底越冬的孢子。

c. 发病时可用精制敌百虫粉加硫酸铜全池泼洒，使池水中浓度为敌百虫 0.5 克/米^3、硫酸铜 0.5 克/米^3，每隔 15 天 1 次，连续 2~3 次。

C. 饼形碘泡虫病

【病原体】饼形碘泡虫。

【症状】病鱼肠道切片镜检，可以看到肠绒毛膜之间有许多孢囊。孢子向黏膜下肌肉层推进，使肠的消化吸收机能遭受严重破坏，这时候可发生大批幼鱼死亡。病鱼体色发黑，消瘦，腹部稍微膨大，鳃呈淡红色，肠内无食，前肠增粗，肠壁组织糜烂，游动无力，有的鱼体出现弯曲。

【防治方法】饼形碘泡虫只在草鱼中发现，其他鱼类尚未发现感染此虫。通过池塘轮养的方法，可提高草鱼鱼苗的成活率。例如广东惠州的 1 口鱼塘，1972 年培养草鱼鱼苗 100 万尾，后因感染饼形碘泡虫而鱼大量死亡。1963 年改养鲮鱼苗，1974 年重新培育草鱼鱼苗 20 万尾，成活率为 50%。药物预防可使用盐酸环氯胍药饵，鱼苗下塘第三天开始投喂，连续喂 7 天。鱼苗长到 3 厘米时，再喂一疗程。

D. 鲫碘泡虫病

【病原体】鲫碘泡虫。孢子壳面观呈椭圆形，光滑或具有"V"形的褶皱；缝面观为纺锤形，缝脊直而显著。孢子长约 14.1 微米、宽约 9.1 微米，极囊长大约 6.1 微米、宽 3.2 微米左右。胞质有一个较大的嗜碘泡和两个胚核。

【症状】孢囊常常着生在前背肌。这部分肌肉由于受孢子虫营养体的刺激，有明显的充血现象。严重时变成瘤状的疖疮，手摸患处，很柔软，好似要胀破一样。如将病鱼患处横切，可从切面看到腹腔上脊椎周围形成对称的两个乳白色孢囊区。由于病鱼肌肉溃烂和组织被破坏，使鱼体瘦弱，生长受抑制。病鱼对池塘缺氧很敏感，如遇池塘缺氧，极易死亡。

【防治方法】

a. 严格执行检疫制度。

b. 必须清除池底过多淤泥，并用生石灰彻底消毒。

c. 加强饲养管理，增强鱼体抵抗力。

d. 全池遍洒精制敌百虫粉多次，有预防作用，并可减少鱼体表及鳃上寄生的碘泡虫。

e. 盐酸环氯胍或盐酸左旋咪唑拌饲投喂。

E. 野鲤碘泡虫病

【病原体】野鲤碘泡虫。

【症状】野鲤碘泡虫寄生在鲤、鲫和鲮的皮肤和鳃上。在这些鱼的皮肤或鳃上形成灰白色点状或瘤状孢囊。随着病情发展，孢囊越来越多，孢囊被由寄生形成的结缔组织膜包围，影响鱼的正常游动和摄食。同时因皮肤和鳃组织被破坏，生长发育受抑制，引起病鱼死亡。

【防治方法】同鲫碘泡虫病。

F. 异形碘泡虫病

【病原体】异形碘泡虫。

【症状】虫体寄生在鳃上，有时也可在体表和鳍条等处发现。虫体密集，形成针头大小的白囊，严重感染时鳃丝红肿，鳃盖难闭合，黏液增多，病鱼因缺氧而死。

【防治方法】同鲫碘泡虫病。

G. 单极虫病

【病原体】国内已发现7种，对淡水鱼类危害较严重的有鲮单极虫和鲤吉陶单极虫。

【症状】鲮单极虫常寄生在鲤或鲫的鳞片下，形成白色或蜡黄色肉眼可见的孢囊，使鳞片竖起，鱼丧失商品价值。鲤吉陶单极虫寄生在散养镜鲤的肠壁黏膜层与肌肉层之间，孢囊向肠腔隆起成瘤状，引起肠道扩张，肠壁变薄而透明，功能下降，并阻塞肠道，影响进食。同时寄生虫能引起肠道局部组织瘀血坏死、脱落。病鱼腹腔积水，逐渐饿死。

H. 尾孢虫病

【病原体】尾孢虫常见的种类有中华尾孢虫、巨型尾孢虫和徐家汇尾孢虫等。

【流行情况】中华尾孢虫主要危害乌鳢和斑鳢的鱼种，严重感染时可引起幼鱼大批死亡，以广东、广西较为流行。流行期为5～7月份。

【症状】中华尾孢虫寄生于乌鳢的皮肤、鳃和鳔等部位。以鳔管内壁的柔软组织最为常见。孢囊呈淡黄色，大小差异很大，严重感染时，可致鱼死亡。

鳜鳃上寄生的微山尾孢虫，孢囊呈瘤状，引起鳃充血、溃烂，严重时导致病鱼死亡。

【防治方法】同鲫碘泡虫病。

③ 微孢子虫病

这是一类寄生于鱼类细胞内的寄生虫，个体微小。寄生于鱼类细胞内的微孢子虫主要代表为格留虫。

【病原体】微孢子虫。

【症状】寄生在鲤、草鱼、银鲫等鱼类的肾、性腺、胆囊、肝脏、肠道、脂肪组织、鳃和皮肤等处，使鱼的生殖力消退。

【防治方法】同黏孢子虫病。

④ 单孢子虫病

单孢子虫结构简单，孢子外包围1层薄而透明的膜，无极囊和极丝。细胞质内有1个显著的圆形发亮的折光体。

A. 肤孢虫病

【病原体】野鲤肤孢虫、鲈肤孢虫、广东肤孢虫等。

【症状】肤孢虫寄生在鱼体表或鳃上，孢囊肉眼可见。病灶周围的组织充血发炎或腐烂，严重时前几天鱼皮肤、尾鳍、眼眶和鳃瓣等部位都布满孢囊。鱼体外表极度发黑、消瘦，以致死亡。

【防治方法】

a. 用0.3克/米^{3}精制敌百虫粉全池遍洒治疗，3天后孢囊脱落。

b. 日本将患此病的鳗放在水槽中，把水温提高至30℃，几天后孢囊破溃、模糊，并逐渐消失。

c. 用碘酊涂擦患部孢囊可自行脱落。

（3）纤毛虫病　纤毛虫靠孢囊或直接接触传播，常见种类有斜管虫、小瓜虫、车轮虫、杯体虫等。

① 斜管虫病

【病原体】鲤斜管虫。

【症状】当鲤斜管虫少量寄生时危害并不大，当大量侵袭鱼的皮肤和鳃时，表皮组织因受刺激而分泌大量黏液，使宿主皮肤表面形成黄白色或淡蓝色黏液层。鱼体与实物摩擦，表皮发炎、坏死脱落。同时组织被破坏，严重影响鱼的呼吸机能。水温12～15℃时，病原体迅速繁殖，2～3天后即大量出现，布满皮肤、鳍和鳃丝的缝隙间，鱼大批死亡。

【防治方法】

a. 鱼种放养前发现此病原时，用浓度为8克/米^{3}的硫酸铜溶液，浸浴15～30分钟。

b. 鱼种培育鱼塘内发现此病时，用硫酸铜和硫酸亚铁合剂(5∶2)，全池泼洒，使池水中浓度为0.7克/米^3。

c. 将病鱼放在浓度为3～6克/米^{3}的高锰酸钾溶液中浸浴1～2小时，隔天再浸浴1次。

d. 用生石灰彻底清塘，杀灭池中的病原体。

② 车轮虫病

【病原体】车轮虫或小车轮虫。虫体一般反口面朝前，像车轮般转动。寄生在体表的车轮虫，个体较大。常见的有显著车轮虫、粗棘杜氏车轮虫、卵形车轮虫、东方车轮虫等。寄生在鳃上的车轮虫，常见的有卵形车轮虫、眉溪小车轮虫等。

【症状】少量寄生时，没有明显症状；严重感染时，可引起寄生处黏液增多，鱼苗、鱼种游动缓慢，呼吸困难而死亡。车轮虫在鱼的鳃及体表各处不断爬动，损伤上皮细胞，上皮细胞及黏液细胞增生，分泌亢进，鳃上的毛细血管充血、渗出。严重感染车轮虫的鱼苗，其身体极度消瘦、发黑，离群或靠近池边缓慢游动，鱼苗躯体上车轮虫较密集的部位，如鳍、头部、体表出现一层白翳，在水中观察尤为明显,有的病鱼还成群围绕池边狂游,表现"跑马"症状。

【防治方法】

a. 鱼体消毒用 8 克/米³ 的硫酸铜浸洗 20~30 分钟,或用 1‰~2‰盐水浸浴 2~5 分钟,进行消毒(具体时间视鱼体忍耐而定)。

b. 发病鱼塘用硫酸铜和硫酸亚铁合剂(5∶2)全池泼洒,使池水中浓度为 0.7 毫克/升。

c. 每亩池塘用 15~20 千克楝树枝叶沤水(扎成小捆),隔天翻一下,每隔 7~10 天换 1 次新鲜楝树枝叶。

d. 每亩池塘用 2~3 千克新鲜韭菜,加入食盐 1 千克,把韭菜切碎拌入食盐,边拌边搓出汁液,每天进行全池泼洒,连泼 3 天。

③ 小瓜虫病

【病原体】多子小瓜虫。

【症状】小瓜虫侵入鱼的皮肤或鳃组织中,剥取宿主组织作营养,引起组织增生和发炎并产生大量的黏液,在躯干、头、鳍、鳃、口腔等处布满小白点。严重时体表似覆盖一层白色薄膜,鳞片脱落,鳍条裂开、腐烂。鳃组织被大量寄生时,黏液增多,鳃小片破坏,影响呼吸。病鱼反应迟钝,缓游于水面,不久即死亡。

【防治方法】

a. 鱼塘要用生石灰彻底清塘,以杀灭小瓜虫的孢囊。

b. 每立方米水体中加入 50 毫升甲醛溶液,药浴处理 30 分钟,1 日 2 次,有一定疗效。

c. 发病鱼塘可用中草药治疗,水深 1 米,每亩用辣椒粉 210 克、生姜干片 100 克煎煮成 25 千克药水,全池泼洒,每天 1 次,连续 2 天。

d. 在水族箱中饲养的鱼患此病,可将水温提高到 18℃ 以上,小瓜虫即可脱落而死亡。

e. 全池遍洒亚甲基蓝,使池水中浓度为 2 克/米³。

注意:不能用硫酸铜或者是硫酸铜和硫酸亚铁混合剂治疗小瓜

虫,因为硫酸铜对小瓜虫不但无杀灭效果反而可使小瓜虫形成孢囊,大量繁殖,使病情更加恶化。

④ 杯体虫病

【病原体】常见的有筒形杯体虫、卵形杯体虫。

【症状】虫体附着在鱼的鳃和皮肤上,以摄取水中的食物粒作为营养,当它们成丛寄生于鱼苗身上时,妨碍鱼的正常呼吸,鱼的生长发育受影响。病鱼常常成群在池边缓游,身上似有一层毛状物。

【防治方法】

a. 鱼塘用生石灰或漂白粉彻底清塘。

b. 加强水质管理,提高鱼体抗病能力。

c. 鱼种入池前,若发现杯体虫,用硫酸铜溶液(每立方米水中放药 8 克)浸浴,水温 15～20℃时,浸洗 15～20 分钟。

d. 此病流行期内,在食场上挂布袋(麻布袋)3～6 只。每袋装硫酸铜 100 克、硫酸亚铁 40 克,1 个疗程挂药 3 天,每天换药 1 次。一般每月挂药 1～2 个疗程。

e. 鱼塘中发生此病时,用 0.7 克/米^3 硫酸铜和硫酸亚铁(5∶2)合剂进行全池泼洒治疗。

(4) 吸管虫病 主要是毛管虫引起的疾病。

毛管虫病

【病原体】毛管虫,国内淡水鱼中已发现有中华毛管虫和湖北毛管虫。

【症状】毛管虫寄生在各种淡水鱼的鳃上和体表上,以鳃瓣最常见。虫体常延长呈柄状,伸入鳃丝的缝隙或紧贴鳃小片,有吸管的一端露在外面。被寄生处的组织细胞被破坏,形成凹陷的病灶。大量寄生时,呼吸器官上皮细胞受损,妨碍鱼的呼吸机能,病鱼呼吸困难,上浮水面,身体瘦弱,严重时引起死亡。

【防治方法】同隐鞭虫病。

(5) 肉足虫病 肉足虫主要特征是具有伪足,以伪足为行动胞器,伪足形状不定,结构亦有所不同。有叶状伪足、根状伪足、丝状伪足、有轴伪足等。寄生在消化道内，造成这些器官溃疡或脓肿。国内仅发现寄生在草鱼肠内的内变形虫科的一种。

内变形虫病

【病原体】鲩内变形虫，靠孢囊进行传播，鱼吞食被成熟孢囊污染的食物而感染。

【症状】鲩内变形虫以滋养体的形式寄生于草鱼的直肠黏膜，或深入到下层，有时甚至可以经血液进入肝脏或其它器官。单纯感染内变形虫，数量不多，肠管往往不表现明显的溃疡和脓肿症状，但常与六鞭毛虫病、鲩肠袋虫病及细菌性肠炎并发，病变始于黏膜表面，向周围发展形成脓肿。严重时肠黏膜遭到破坏，后肠形成溃疡，充血发炎，轻压腹部流出黄色黏液，与细菌性肠炎相似，但肛门不红肿。虫体聚在肛门附近的直肠内，分泌溶解酶溶解组织，靠伪足的机械作用穿入肠黏膜组织。

【防治方法】用生石灰清塘可以预防。

2. 由蠕虫引起的疾病

由蠕虫引起的疾病叫蠕虫病。所谓蠕虫，实际上包括扁形动物、线形动物、纽形动物、环节动物等。与养殖鱼类关系较大的是扁形动物和线形动物的一些种类，尤以扁形动物的危害最大。

（1）单殖吸虫病　单殖吸虫属于扁形动物门吸虫纲，绝大部分是体外寄生。寄生部位主要是鱼鳃，也可以寄生在皮肤、鳍或口腔、鼻腔、膀胱等处。寄生于鱼类的种类有数百种，有些种类对鱼类的生长和生活能产生严重的危害。尤其是在鱼苗、鱼种阶段，常因某种单殖吸虫的大量寄生而引起鱼苗、鱼种大批死亡。有些种类虽不致鱼死亡，但由于单殖吸虫的寄生，造成鱼体的生长和发育不良。

由单殖吸虫引起的鱼病及其防治方法介绍如下。

① 指环虫病

【病原体】在我国鱼类饲养中主要致病指环虫有页形指环虫、鳙指环虫、鲢指环虫、坏鳃指环虫、小鞘指环虫和鲈指环虫等。

【症状】少量寄生时,没有明显症状。大量寄生时,病鱼鳃丝黏液增多,全部或部分呈苍白色,鳃丝肿胀(特别是鳙更为明显),呈"花鳃"状,鳃盖张开,呼吸困难,病鱼游动缓慢,贫血。

【防治方法】

a. 鱼种放养前,用浓度为 20 克/米^3 的高锰酸钾溶液浸浴鱼种 15～30 分钟(水温 10～15℃);或用浓度为 10 克/米^3 的高锰酸钾浸浴鱼种 30～60 分钟,以杀死鱼种上的寄生虫。

b. 水温 20～30℃时,用精制敌百虫粉全池遍洒,使池水中浓度为 0.5～0.7 克/米^3。

c. 用敌百虫食用碱合剂(精制敌百虫粉加食用碱,其比例为 5∶3)全池泼洒,使池水浓度为 0.16～0.24 克/米^3,效果较好。

② 三代虫病

【病原体】在饲养鱼类中常见的病原体有以下几种。

a. 鲢三代虫:寄生于鲢、鳙的皮肤、鳍条、口腔和鳃丝。

b. 鲩三代虫:寄生于草鱼皮肤和鳃。

c. 秀丽三代虫:寄生于鲤、鲫和金鱼等鱼的体表和鳃。

【症状】大量寄生时,病鱼的皮肤上有一定灰白色的黏液,鱼体失去光泽,游动极不正常。食欲减退,鱼体瘦弱,呼吸困难。幼小的鱼苗,常显现鳃丝浮肿、鳃盖难以闭合的病症。

【防治方法】同指环虫病。

(2) 复殖吸虫病 复殖吸虫种类繁多,全营寄生生活,分布很广,是鱼类常见的寄生虫。常见的复殖吸虫病有双穴吸虫病、血居吸虫病、侧殖吸虫病。

① 双穴吸虫病(白内障病,复口吸虫病)

【病原体】双穴吸虫的尾蚴和囊蚴。双穴吸虫又叫复口吸虫,我国危害较大的主要是倪氏双穴吸虫和湖北双穴吸虫。

【症状】此病在鱼种阶段能引起大量死亡。病鱼在水面作跳跃式的游泳,挣扎,继而游动缓慢。有时头向下、尾朝上失去平衡,或者病鱼上下往返,急剧游动,在水中翻动。

急性感染时,病鱼除运动失调外,最显著的病变为头部充血,当尾蚴移行至血管和心脏时,可造成血液循环的障碍。若从鳃部钻入的尾蚴数量很多,可立即引起鱼类死亡。如入侵的数量较少,则随着病鱼一同生长,病鱼眼球出现晶状体混浊,呈现白内障的症状。部分鱼有晶状体脱落和眼盲现象。慢性感染时,上述症状不明显,病原体在眼睛处积累较多,虫愈多则眼睛发白的范围就越大,病鱼生长缓慢,一般不引起死亡。

【防治方法】

A. 预防措施

a. 捕杀和驱赶水鸟。

b. 消灭虫卵、毛蚴和中间宿主——椎实螺等,如混养吃螺鱼类。

B. 治疗方法

a. 水深 1 米,每亩施放生石灰 100~150 千克或茶饼 50 千克,用以清塘。

b. 全池遍洒硫酸铜,使池水中浓度为 0.7 克/米^3,以杀死椎实螺,隔天再重复泼洒 1 次。

C. 已养鱼的池中发现有椎实螺,可在傍晚将草扎成数小捆放入池中诱捕中间宿主,于第二天清晨把草捞出。如池中已有该病原时,应同时全池泼洒精制敌百虫粉,以杀死水中的尾蚴。

② 血居吸虫病

【病原体】血居吸虫。

【症状】有急性型和慢性型之分。急性型是因为水中尾蚴密度较高,在短期内有许多个尾蚴钻入鱼苗体内,引起鱼苗跳跃、挣扎,在水中急游打转,鳃肿胀,鳃盖张开,肛门口起水泡,全身红肿,鳃及体表黏液增多,不久即死;慢性型是因为少量尾蚴分散地钻入鱼体,虫在鱼的心脏和动脉球内发育为成虫,虫卵被带到肝、脾、鳃、肾、肠系膜、肌肉等处,虫卵大量堆积于鳃部血管而造成阻塞,引起腹部积水、眼球突出、竖鳞,使鱼逐渐衰竭死亡。病鱼贫血,红细胞和白细胞数量显著下降。

【防治方法】可参照双穴吸虫病。

③ 侧殖吸虫病

【病原体】病原体为日本侧殖吸虫和东方侧殖吸虫。

【症状】病鱼体色发黑，游动无力，生长停滞，闭口不食，聚集于下风头处，俗称闭口病。解剖病鱼可见肠道被虫体充满，甚至堵塞，肠内无食物，因而造成死亡。

【防治方法】

a. 彻底清塘，消灭螺类。

b. 精制敌百虫粉，使池水中浓度为 0.2 克/米^3。

(3) 绦虫病　绦虫属扁形动物门，身体背腹扁平。成虫多寄生在鱼类的消化道内。

① 鲤蠢病

【病原体】鲤蠢绦虫，中间宿主是颤蚓。

【症状】鱼轻度感染时无明显变化。严重时可见肠道被堵塞，并能引起肠道发炎和贫血，有时也可引起死亡。

【防治方法】

a. 加麻拉 20 克或蕨粉 32 克拌饲一次投喂。

b. 每万尾体长 4.5～9 厘米的鱼种，用南瓜子 250 克研成粉与 500 克米糠拌匀投喂，连喂 3 天。

c. 槟榔、南瓜子合剂（民间验方）：每万尾体长 4.5～6 厘米的鱼种用南瓜子槟榔 500 克（比例为 2∶1 或 4∶1），一起捣碎拌料喂鱼，连喂 3 天。

d. 用精制敌百虫粉与面粉混合成药面，投喂，连喂 3～6 天，能将虫体驱除。

② 头槽绦虫病

【病原体】九江头槽绦虫。

【症状】病鱼体重减轻，显得非常瘦弱，不摄食，体表黑色素增加，离群独游，并有恶性贫血。严重感染时，前肠第一盘曲膨大成胃囊状，直径增加 3 倍，肠的皱襞萎缩，表现慢性炎症，肠被虫体堵塞。

【防治方法】参考鲤蠢病治疗方法。

③ 舌状绦虫病

【病原体】舌状绦虫和双线绦虫的裂头蚴。

【症状】病鱼腹部膨大，严重时失去平衡，鱼侧游上浮或腹部朝上。解剖时可见到鱼体腔中充满大量白色带状的虫体，内脏受挤压而变形萎缩，正常机能受抑制或遭破坏，引起鱼体发育受阻，鱼体消瘦，失去生殖能力。有时裂头蚴可从鱼腹部钻出，直接造成病鱼死亡。病鱼严重贫血，红细胞显著减少，经分析为缺铁性贫血。

【防治方法】对于大水体，此病目前尚无有效防治方法。在较小水体中，可用清塘方法杀灭虫卵及第一中间宿主，同时驱赶终末宿主。感染初期可用内服药物法治疗，用精制敌百虫粉拌饲投喂3～6 天，喂前先停食 1 天，或每 100 千克鱼用吡喹酮 2～4.8 克拌饲投喂 2 次（隔天再喂 1 次）。

(4) 线虫病　线虫对鱼类的危害一般不严重，但大量寄生时可破坏器官和组织，有利于其他病菌侵害，引起继发性疾病。有些种类吸食血液，夺取营养，使宿主消瘦，影响宿主生长和繁殖，以致死亡。寄生在鱼类上的线虫种类很多，常见的线虫病有下列几种：

① 毛细线虫病

【病原体】毛细线虫。虫体细小，前端尖细，后端稍粗大，体表光滑；口端位，食道细长。雌虫体长 4.99～10.13 毫米，雄虫体长 1.93～4.15 毫米。

【症状】毛细线虫以其头部钻入宿主肠壁黏膜层，破坏组织，引起肠壁发炎。全长 1.6～2.6 厘米的鱼种，有 5～8 个成虫寄生时，生长即受一定影响；30～50 个虫寄生时，病鱼离群分散于池边，极度消瘦，继而死亡。

【防治方法】

a. 先将池底晒干，再用漂白粉和生石灰彻底清塘，杀灭虫卵。

b. 加强饲养管理，保证鱼有充足的饵料，同时，及时分池稀养，加快鱼种生长，可预防此病发生。

c. 精制敌百虫粉拌饲投喂，连喂 6 天。

d. 每 100 千克鱼每天用中草药 600 克（贯众：土荆芥：苏

梗：楝树皮＝8∶3∶2∶3）煎汁拌饲投喂，连喂6天。

② 嗜子宫线虫（红线虫）病

【病原体】常见种类有如下几种：

a. 鲫嗜子宫线虫：雌虫寄生在鲫鱼的尾鳍。雌虫长22～50毫米，雄虫长2.46～3.74毫米。

b. 鲤嗜子宫线虫：雌虫寄生在鲤鳞囊内，虫体长10～13.5毫米。雄虫寄生于鲤的腹腔和鳔，虫体长3.5～4.1毫米。

c. 藤本嗜子宫线虫：雌虫寄生于乌鳢等鱼的背鳍、臀鳍和尾鳍，虫长25.6～46.8毫米。雄虫寄生于鱼的鳔、腹腔，虫长2.2毫米。

雌虫一般均为血红色，两端稍细，似粗棉线。雄虫体细小如发丝，透明无色。此类线虫幼虫被剑水蚤吞食后，在剑水蚤体腔中发育。鲤、鲫等吞食剑水蚤而感染。幼虫再钻到鱼体腔中发育，雌虫迁移到鳞下、鳍条等处发育成熟。

【症状】病鱼鳞片因虫体寄生而竖起，寄生部位发炎和充血。还往往引起细菌病、水霉病继发。虫体寄生处的鳞片呈现出红紫色不规则的花纹，掀起鳞片即可见红色的虫体。

【防治方法】

a. 用生石灰带水清塘，杀死幼虫及中间宿主；或用浓度为0.2～0.5克/米^{3}的精制敌百虫粉全池泼洒，杀死中间宿主。

b. 用2%～2.5%食盐水浸浴病鱼10～20分钟，可以杀死鳞下和鳍间成虫。

c. 用医用碘酊或1%高锰酸钾溶液涂擦病鱼患处。

③ 鳗居线虫病

【病原体】球状鳗居线虫及粗厚鳗居线虫。

【症状】大量寄生时可引起鳔发炎或鳔壁增厚。病鱼活动受到影响。鳗苗被大量寄生后，停止摄食、瘦弱、贫血，且可引起死亡。寄生数量很多时能刺激鳔、气道发炎出血，虫体充满鳔，使鳔扩大，压迫其他内脏器官及血管。当鳔扩大时，病鱼后腹部肿大，腹部皮下瘀血，肛门扩大，呈深红色。如鳔中虫体数量太多时，鳔破裂，虫体落入体腔中，有的从肛门或尿道爬出体外。

【防治方法】宜用切断其生活史的方法控制这种病，一般采用精制敌百虫粉全池遍洒，使池水中浓度为 0.3～0.5 克/米^3。

（5）棘头虫病　棘头虫是一类具有假体腔而无消化系统，两侧对称的蠕虫。它们寄生于脊椎动物的消化道中。常见的棘头虫病有下列几种。

① 沙市刺棘虫病

【病原体】沙市刺棘虫。

【症状】病鱼消瘦，鱼体发黑，离群靠边缓游。前腹部膨大而呈球状，肠道轻度充血，呈慢性炎症。2～3 厘米长的草鱼种感染 2～7 个虫体即可引起病害。

【防治方法】全池遍洒精制敌百虫粉，用量为 0.7 克/米^3 水体，同时将精制敌百虫粉拌入麸皮内投喂，连喂 9 天。

② 长棘吻虫病

【病原体】鲤长棘吻虫。寄生在鲤、鲅、草鱼肠道。

【症状】夏花鲤被 3～5 个长棘吻虫寄生时，肠壁就被胀得很薄，肠内无食，鱼不久即死。2 龄鲤被少量虫寄生时，没有明显症状，但如有大量寄生时，鱼体消瘦，生长缓慢，摄食减少，严重时可引起肠壁溃烂和穿孔。

【防治方法】

a．用生石灰或漂白粉清塘，杀灭池中虫卵及中间宿主。

b．用泥浆泵吸除池底淤泥，并用水泥板做护坡，也可达到或基本达到消灭虫卵的目的。

c．发病地区，鲤鱼种在鱼种池中培育，而不套养在成鱼池中，以免感染。

d．每千克鱼每天用 0.6 毫升四氯化碳拌饲投喂，连喂 6 天进行治疗。

③ 长颈棘头虫病

【病原体】病原体为真鲷长颈棘头虫，虫体橙黄色，体长 10～20 毫米；有 11～15 排吻钩，每排 9～12 个。

【症状】真鲷长颈棘头虫寄生在真鲷直肠内，其吻刺入直肠内壁，破坏肠壁组织，引起炎症，充血或出血。病鱼食欲减退，身体消瘦，生长缓慢。

【防治方法】尚无有效的驱虫药，投喂经过冷冻处理的鱼或配合饵料，可预防棘头虫的感染。

3. 由环节动物引起的疾病

寄生在淡水鱼类的鱼蛭种类不多，对渔业的危害一般不大。常见的鱼蛭引起的鱼病有以下两种。

（1）湖蛭病

【病原体】中华湖蛭、哲罗湖蛭、冈湖蛭、福建湖蛭。

【症状】该虫主要寄生在鲤、鲫的鳃盖内表面和鳃上，吸取宿主血液引起病鱼贫血和继发性疾病，使其生长受到影响，严重时，病鱼呼吸困难和失血过多而死亡。

【防治方法】用2.5%盐水浸浴病鱼0.5～1小时。

（2）尺蠖鱼蛭病

【病原体】尺蠖鱼蛭。

【症状】鱼蛭寄生在鱼的体表及鳃、口腔等处。少量寄生时对鱼的危害不大；大量寄生时，因鱼蛭在鱼体上爬行及吸血，鱼表现不安，常跳出水面，在冬季更易看出。被破坏的病鱼体表呈现出血性溃疡，严重时则坏死；鳃被侵袭时，病鱼呼吸困难，严重时引起鱼体消瘦，生长缓慢，贫血，以致死亡。

【防治方法】采用2.5%盐水浸浴鱼体0.5～1小时，或用二氯化铜（100升水中加5克）浸浴15分钟。治疗后鱼蛭从鱼体上跌落下来，但尚未死，所以浸洗后的水不应倒入池中，应采用机械方法将鱼蛭消灭。

4. 甲壳动物病

由甲壳动物寄生引起的疾病叫甲壳动物病。甲壳动物绝大多数生活在水中，多数对人类有利，可供食用（如虾、蟹等），或是鸡、鸭、鱼的饲料，农田的肥料；但也有一部分是有害的，其中有不少种类寄生在鱼类、经济型甲壳动物、软体动物、两栖类等水产动物的体上，影响生长及性腺发育，严重时可引起大批死亡。寄生在水产动物上的甲壳动物主要有桡足类、鳃尾类、蔓足类、等足类、十足类等。

（1）桡足类引起的鱼病　桡足类的身体小，广泛分布于海水、咸淡水及淡水中，是水产动物的饲料。一部分桡足类寄生在水产动物的体表、鳃及肠内，影响其生长、繁殖，以至引起死亡。寄生桡足类的种类很多，现将危害较大及代表性种类引起的鱼病介绍如下。

① 中华鱼蚤病

【病原体】

a. 大中华鱼蚤：寄生在草鱼、青鱼、鲇、赤眼鳟、鳡、鳌等鱼的鳃丝末端内侧。虫体较细。

b. 鲢中华鱼蚤：寄生在鲢、鳙的鳃丝末端内侧和鲢鱼的鳃耙。

c. 鲤中华鱼蚤：寄生在鲤、鲫的鳃丝上。

【症状】当鱼轻度感染时一般无明显病症，但当严重时感染时，可引起鳃丝末端发炎、肿胀、发白。肉眼可见鳃丝末端挂着像白色蝇蛆一样的小虫。严重时病鱼显得不安，在水中跳跃，打转或狂游。食欲减退，呼吸困难，离群独游，鱼的尾鳍上叶及背鳍往往露出水面，故又叫"翘尾巴病"，最后消瘦、窒息直至死亡。

【防治方法】用生石灰彻底清塘，杀死虫卵和幼虫。

② 锚头鱼蚤病

锚头鱼蚤寄生在鱼的鳃、皮肤、鳍、眼、口腔、头部等处，只有雌虫营寄生生活。锚头鱼蚤的繁殖适宜水温为20～25℃，我国危害较大的病原体有下列几种。

【病原体】

a. 多态锚头鱼蚤：寄生在鳙、鲢的体表及口腔。

b. 草鱼锚头鱼蚤：寄生在草鱼体表。

c. 鲤锚头鱼蚤：寄生在鲤、鲫、鲢、鳙、乌鳢、青鱼等鱼体表、鳍及眼上。

【症状】病鱼最初呈现不安，食欲减退，继而身体消瘦，游动迟缓。锚头鱼蚤以其头角和一部分胸部深深地钻入宿主的肌肉组织中或鳞片下面，但其胸部的大部分和腹部露在外面，虫体上常附生一些原生动物，如累枝虫、钟形虫等。有时还有藻类和霉菌附生，肉眼观察很像一个个浅黄色绒球，鱼体上好似披着蓑衣，故渔民又称其为"蓑衣病"。在虫体寄生处，可引起周围组织红肿发炎及慢性增生性炎症。

【防治方法】

a. 因病原体对宿主有选择性，可采用轮养方法进行预防。

b. 精制敌百虫粉（或硫酸铜）和硫酸亚铁合剂（两者的比例为5∶2）全池遍洒，一般使池水中浓度为 0.7 克/米^3，治疗效果良好。

c. 全池遍洒精制敌百虫粉，使池水中浓度为 0.5～0.7 克/米^3，杀死池中锚头鱼蚤的幼体，根据锚头鱼蚤的寿命和特点需连续泼洒 2～3 次，每次间隔 7 天。

d. 高锰酸钾溶液浸浴，水温 15～20℃ 时用药浓度为 20 克/米^3；水温 21～30℃ 时用药浓度为 10 克/米^3，浸浴时间为 1～1.5 小时。

e. 将 150 克百部碾成粉末加白酒 250 克浸浴 24 小时，将药液拌饲投喂，可使锚头鱼蚤脱落死亡。

f. 免疫的应用　鱼患锚头鱼蚤病痊愈后获得免疫力，免疫期持续 1 年以上。采用人工方法使鱼种获得免疫力后，再放入大水体饲养，以控制大水体中锚头鱼蚤病的发生（大水体发生锚头鱼蚤病后，用药物治疗有一定困难），这是一条值得探讨的途径。

③ 新鱼蚤病

【病原体】日本新鱼蚤。

【症状】寄生在池塘养殖的各种淡水鱼的鳃、鳍及鼻腔内。少量寄生时候不出现症状。大量寄生时候，常常引起"浮头"现象，引起当年鱼种死亡。

【防治方法】同中华鱼蚤病。

④ 狭腹鱼蚤

【病原体】狭腹鱼蚤。我国常见的有2种。

a. 鲫狭腹鱼蚤：寄生在鲫鱼鳃上。

b. 中华狭腹鱼蚤：寄生在乌鳢和月鳢的鳃上。

【症状】病鱼鳃部肿胀，呼吸困难。

【防治方法】同中华鱼蚤病。

(2) 由鳃尾类引起的鱼病　鳃尾类营寄生生活，分泌毒液。危害鱼类的主要是鲺。

鲺病

【病原体】我国发现的有十几种，常见的有：日本鲺寄生于草鱼、青鱼、鲢、鳙、鲤等鱼的体表和鳃上；喻氏鲺寄生于青鱼、鲤的体表和口腔；大鲺寄生于草鱼、鲢、鳙的体表；椭圆尾鲺寄生于鲤、草鱼的体表；白鲢鲺寄生于青鱼等的体表及口腔。

【症状】由于鲺的腹面有许多倒刺，在鱼体上不断爬行时，口刺刺伤体表，大颚撕破体表，使鱼体产生很多伤口，出血。病鱼极度不安，在水中狂游或跳跃，严重影响食欲，鱼体消瘦，常引起幼鱼死亡。

【防治方法】

a. 全池泼洒精制敌百虫粉，使池水中浓度为 0.5～0.7 克/米^3。

b. 水深1米，每亩用2千克百部，切片，加水5～7千克，煮沸10～15分钟，兑水全池泼洒。

(3) 等足类引起的鱼病　等足类是较大的甲壳动物，寄生在淡水鱼上的等足类主要是鱼怪。

鱼怪病

【病原体】日本鱼怪，成虫寄生于鱼的体腔，幼虫寄生于鱼的皮肤、鳃。

【症状】病鱼身体瘦弱，生长缓慢，严重影响性腺发育。若鱼苗被1只鱼怪幼虫寄生，鱼体就失去平衡，很快死亡。若3～4只鱼怪幼虫寄生在夏花鱼种的体表和鳃上,可引起鱼焦躁不安,表皮破损,体表充血,尤以胸鳍基部为甚,第二天即会死亡。

【防治方法】鱼怪病一般都发生在比较大的水体,如水库、湖泊、河流,池塘内极少发生;鱼怪的成虫具有很强的生命力,它又寄生于宿主体腔的寄生囊内,所以它的耐药性比宿主强,在大面积水域中杀灭鱼怪成虫非常困难;但在鱼怪的生活史中,释放于水中的第二期幼虫是一个薄弱环节,杀灭了第二期幼虫,就破坏了它的生活周期,是防治鱼怪病的有效方法。

5. 由软体动物引起的疾病

钩介幼虫病

【病原体】钩介幼虫是淡水双壳类软体动物河蚌的幼体。钩介幼虫寄生在鱼的鳃部、嘴部、嗜和皮肤上,吸取鱼体营养,在鱼体上进行变态,当钩介幼虫完成变态后,就从鱼体上脱落下来,这时叫幼蚌。钩介幼虫在鱼体上寄生时间的长短和水温高低有关。当水温18~19℃时,幼虫在鱼体上寄生16~18天,当水温8~10℃,则需70~80天。

【症状】钩介幼虫用足丝黏附在鱼体上,鱼体受到刺激,引起周围组织发炎、增生,逐渐将幼虫包在里面,形成孢囊。病鱼离群独游,行动缓慢。严重时可引起病鱼头部出现红头白嘴现象,因此渔民称其为"红头白嘴病"。

【防治方法】

a. 用生石灰彻底清塘。每亩用40~50千克茶饼(即每平方米用60~75克)清塘,也可杀灭蚌类。

b. 鱼苗及夏花培育池内绝不能混养蚌,进水须经过过滤(尤其是在进行河蚌育珠的单位及其附近),以免钩介幼虫随水带入鱼池。

c. 发病早期,将病鱼移到没有蚌及钩介幼虫的池中,可使病情不致进一步加重,而逐渐好转。

五、非寄生性疾病

凡由机械、物理、化学及非寄生性生物引起的疾病，称为非寄生性疾病。上述这些病因中有的单独引起淡水鱼类发病，有的由多个因素互相依赖、相互制约地共同刺激鱼的机体，当这些刺激达到一定强度时就引起淡水鱼类发病，非寄生性疾病也能造成淡水鱼养殖业的巨大损失。此外，还有一些危害很大，至今尚未完全查明病因的疾病也在此作简单介绍以利于尽快查明病因，找到有效防治方法。

1. 机械性损伤

当鱼受到严重的机械损伤，即可大量死亡。有时虽损伤得并不严重，但因损伤后继发微生物感染或寄生虫病，也可引起大批死亡。机械性损伤的原因主要有以下几类。

（1）压伤　当压力长时间地施加在鱼的某一身体部位时，部分组织萎缩、坏死。如在寒冷地区，越冬池中的鲤常在胸鳍基部，有时也在腹鳍基部形成溃疡，这是由于越冬的鲤用胸鳍和腹鳍的基部作支点靠在池底，长期受体重压迫。通常受压迫部位皮肤坏死，严重时肌肉出现坏死。这种现象常出现在消瘦或生长在底质坚硬的池塘中的鱼。

（2）碰伤或擦伤　在捕捞、运输和饲养过程中，常因使用的工具不合适或操作不慎而给鱼类带来不同程度的损伤，除了碰掉鳞片，折断鳍条，擦伤皮肤以外，还可以引起肌肉深处的创伤。

（3）强烈的振动　运输时强烈和长期的摆动会破坏鱼类神经系统的活动，使鱼呈麻痹状态，失去正常的活动能力，仰卧或侧游在水面。如刺激不是很严重，则刺激解除后，鱼仍可恢复正常的活动能力。一般体型较大的个体对振动的反应较幼小的个体强，因此在运输时以苗种为宜。

鱼类受伤后不能像人或家畜那样敷药，不可以用纱布包扎以免病原体侵入等，因此鱼类受伤后进行治疗较困难，更需要以预防为主。可改进渔具和容器,尽量减少捕捞和搬运,在必须捕捞和运输时必须小心对待,并选择适当的时间;越冬池的底质不宜过硬,在越冬前应加强肥育。在人工繁殖过程中,因注射或操作不慎引起损伤,可在损伤处涂鱼泰8号,受伤较严重的需肌内注射链霉素。

2. 水质不良引起的病害

(1) 弯体病(畸形病)

【病因】这种病大多发生于新鱼塘中的鱼苗和鱼种。其原因有以下三个方面。

① 池水中含有重金属盐类,刺激鱼的神经和肌肉收缩所致。土壤中的重金属盐类含量虽然微少,但普遍存在,养鱼很久的鱼塘,其金属盐类大部分已被消耗,含量极微,一般不会引起弯体。

② 缺乏某种营养物质(如钙和维生素C等)而产生畸形。有时因寄生虫寄生(如黏孢子虫等)也会得此病。

③ 胚胎发育期经受外界环境变化或鱼苗阶段受机械损伤,都会促使鱼体弯曲变形。

【症状】病鱼身体弯曲,呈"S"形,有时身体弯曲成2~3个屈曲,有时只是尾部弯曲,鳃盖凹陷或上下颌和鳍条等都出现畸形。病鱼发育缓慢,消瘦,严重时引起死亡。

【防治方法】

① 新开鱼塘,最好先养1~2年成鱼,以后再放养鱼苗或鱼种,因为成鱼一般不患此病。

② 发病的鱼塘要经常换水,改良水质。同时要投喂营养丰富的饲料。

(2) 窒息(泛池)

【病因】窒息又名泛池。鱼类和其他动物一样,需要氧气,且不同种类、不同年龄及不同季节对氧的要求都各不相同。当水中含氧量较低时,会引起鱼类到水面呼吸,这叫浮头。当含氧量低于其最低限度时,就会引起窒息死亡。草鱼、青鱼、鲢、鳙等鱼,通常在水中含氧1毫克/升时开始浮头,当低于0.4~0.6毫克/升时,就窒息死亡。鲤、鲫的窒息点为0.1～0.4毫克/升，鲫的窒息点比鲤要稍低些；鳊的窒息点为0.4～0.5毫克/升。在冬季，北方越冬池内一般因鱼较密集，水表面又结有一层厚冰，池水与空气隔绝，已溶解在水中的氧气因不断消耗而减少，这样很容易引起窒息；且因池底缺氧，有机物分解产生的有毒气体（如沼气、硫化氢、氨气等）也不易从水中逸出，这些有毒气体的毒害，加速了死亡。在夏季，窒息现象也常发生，尤其在久打雷而不下雨的天气，因下雷雨前的气压很低，水中溶氧减少，引起窒息；如仅短暂雷雨天气，池水的温度表层低、底层高，引起水发生对流，使池底的腐殖质泛起，加速分解，消耗大量氧气，大批鱼类窒息死亡。在夏季黎明之前也常发生泛池，尤其在水中腐殖质过多和藻类繁殖过多的情况下，一方面腐殖质分解时要消耗水中大量氧气，另一方面藻类在晚上进行呼吸作用，和动物一样也要消耗大量氧气。因此，黎明之前为一天中水中溶氧最少的时候。一天内水中溶氧量可相差数十倍。

【症状】由于水中缺氧，鱼浮到水面呼吸。若发现鱼在池中狂游乱窜或横卧水中，说明池水严重缺氧。一般泛塘时的鱼类浮头、狂游顺序是鲢、草鱼、鳙、鲮、鲤和鲫。死鱼现象以鲢和草鱼为严重。

【诊断】清晨巡塘时，发现鱼浮于水面，用口呼吸，说明池中溶氧已不足，若太阳出现后，鱼仍不下沉，说明池中严重缺氧。这时最好用水质测试盒对池水进行检测。

【防治方法】

① 在冬季干塘时，应除去塘底过多淤泥。

② 采用施肥养殖时，应施发酵过的有机肥，且应根据气候、水质等情况，掌握施肥量，避免水质过肥，同时在夏季一般以施无机肥为好。

③ 投饲应掌握"四定"原则，残饲应及时捞出。

④ 掌握放养密度及搭配比例。

⑤ 越冬池及时扫除积雪，当水面结有一层厚冰时，可在冰上打几个洞。

⑥ 在闷热的夏天,应减少投饲量,并加注清水,在中午开动增氧机,还掉水中的氧债,必要时晚上也要开动增氧机,加强巡塘工作。

⑦ 发现有浮头现象,应及时灌注清水,开动增氧机或送气。

⑧ 在没有增气机及无法加水的地方,可施放鱼浮灵等增氧剂,按照各产品的使用说明书使用。

(3) 气泡病

【病因】水中某些气体过饱和,可引起鱼类气泡病,主要危害幼苗。鱼的肠道出现较多气泡或体表、鳃上附着许多气泡,使鱼体上浮或游动失去平衡,严重时可引起鱼大量死亡。气泡病在很多情况下都能发生,如水温31℃时,水中含氧量达14.4克/米^3(饱和度192%),体长0.9~1.0厘米的鱼苗发生气泡病;而体长1.4~1.5厘米的鱼苗,在水中含氧量达24.4克/米^3(饱和度为325%)时,才发生气泡病。引起水中某种气体过饱和的原因很多,常见的如下。

① 水中浮游植物过多,在强烈阳光照射的中午,水温高,藻类光合作用旺盛,可引起水中溶氧过饱和。

② 池塘中施放过多未经发酵的肥料,肥料在池底不断分解,消耗大量氧气,在缺氧情况下,分解放出很多细小的甲烷、硫化氢气泡,鱼苗误将小气泡当浮游生物吞入,引起气泡病。因这些气体有毒,同时鱼体内的氧又可被逐渐消耗,所以危害大于氧过饱和。

③ 有些地下水含氮过饱和,或地下有沼气,也可引起气泡病,其危害比氧过饱和的危害更大。

④ 在运输途中,人工送气过多;或抽水机的进水管有破损时,吸入了空气;或水流经过拦水坝成为瀑布,落入深水潭中,将空气卷入,均可使水中气体过饱和。

⑤ 水温低时,水中溶解气体的饱和度低,当水温升高时,水中原有的溶解气体,就变得过饱和而引起鱼的气泡病。在工厂的热排水中,有时本身也气体过饱和,即当水源溶解气体饱和或接近饱和时,经过工厂的冷却系统后,再升温就变为饱和或过饱和。

⑥ 在水面结冰期间，若水库的水浅、水清瘦、水草丛生，则水草在冰下进行光合作用，也可引起氧气过饱和，引起几十千克重的大鱼患气泡病而死，这在吉林、辽宁均有发生。

【症状】发病鱼苗浮于水面，随着水泡的增多而失去自由游动的能力，身体失去平衡，尾部向上，头部朝下，时而挣扎状游动，时而在水面打转，随着体力的耗尽而死亡。

【诊断】当发现鱼苗浮于水面不正常地游动时，取几尾病鱼解剖，取出肠道，可见肠内充满气泡，镜检鳃、鳍及内脏血管时，也可看到血管内有大量的气泡。

【防治方法】发现气泡病，水深1米，每亩用4～6千克食盐水，全池泼洒或直接冲入新水，同时排出部分池水。

3. 温度变化引起的病害

（1）感冒

【病因】鱼是变温动物，其体温随着水温而改变，一般与水温仅相差0.1℃左右。但当水温急剧改变时，会引起鱼体内部器官活动的失调而感冒。比如，鲤鱼种在水温突变12～15℃时就出现休克状态。鳊、鲫、鲤，从21℃移到1～2℃水中，3小时内即死亡。

【症状】皮肤失去原有光泽，运动失常，严重时可使鱼死亡。

【诊断】根据症状作出初步诊断。

【防治方法】将鱼从一个水体转移到另一水体时，两个水体温度不要相差太大，一般鱼苗不能超过2℃；2龄以上的鱼不能超过5℃。已发病的鱼，应立即设法调节水温，或转移至适宜水温的水体中。

（2）冻伤

【病因】水温的变化，会严重影响到鱼类的生理机能。当水温很低时，鱼会被冻伤，严重的可引起死亡。当水温下降到1℃时，鱼类一般会进入麻痹状态；水温降到0.5℃，草鱼、鲢、镜鲤即会被冻死。罗非鱼在水温11℃的淡水中会发生低温昏迷，其至死亡。

【症状】冻伤的鱼体色变得暗淡或皮肤发生坏死、脱落，有的鱼类鳃丝末端肿胀，鱼侧卧水面，失去游动能力。

【诊断】根据天气情况和症状作出初步诊断。

【防治方法】主要做好防寒工作，冬季要多投喂一些富含脂肪的饲料，如豆饼、菜籽饼等，加深池水，以增加鱼的抗寒能力。越冬的罗非鱼，要提高水温，或加入食盐，使池中食盐的浓度达到0.5%～0.8%，可避免冻伤。

4. 食物缺乏引起的病害

（1）跑马病

【病因】此病常发生在鱼苗饲养阶段。阴雨天气多、水温低、池水不肥的情况下，当鱼苗经 10～15 天饲养后，池中缺乏鱼苗的适口饲料而引发此病。

【症状】病鱼成群地围绕在鱼池边，长时间狂游不停，像"跑马"一样。由于过分消耗体力，使鱼体消瘦、体力耗尽而死亡。

【防治方法】鱼苗的放养不能过密（如密度较大，应增加投饲量），鱼池不能漏水，鱼苗在饲养 10 天后，应投喂一些豆饼浆、豆渣等适口的饵料。发生"跑马"病后，应及时进行镜检，如不是由大量车轮虫寄生引起的"跑马"，用芦席从池边隔断鱼苗群游的路线，并投喂豆渣、豆饼浆、米糠或蚕蛹粉等鱼苗喜吃的饲料，不久即可制止病情扩大。也可将鱼池中的草鱼、青鱼分养到已培养了大量大型浮游动物的池塘中去饲养。

（2）萎瘪病

【病因】主要是由于鱼苗或鱼种放养过密，饲料不足，致使部分鱼得不到足够的食料，萎瘪致死。

【症状】病鱼鱼体发黑、消瘦，背似刀刃，鱼体两侧肋骨可数，头大身小；病鱼往往在池边缓慢游动；病鱼鳃丝苍白，呈严重贫血，不久即死亡。这病主要发生在放养过密，缺乏饲料，以致鱼长期挨饿的时候。常发生于越冬池

【防治方法】掌握放养密度，加强饲养管理，投放足够的饲料；越冬前更要使鱼吃饱长好，尽量缩短越冬期停止投饲的时间。当发现鱼患萎瘪病时，应立即采取措施，增加营养，在疾病早期可恢复健康。

（3）营养不良　在高度密养的情况下，天然饲料很少，人工饲料的配制就必须具备全面营养，才能使鱼类健康、迅速地生长。最适合的饲料应含有蛋白质、脂肪、糖类、矿物质和维生素等营养成分，且要搭配适当，才能使鱼类迅速生长、饲料系数低。不然，某种营养成分缺乏或过多，不仅会影响鱼的生长，且饲料系数高，造成浪费，严重时能致死。

常见的营养不良有：蛋白质不足、过多或所含必需氨基酸不完全、配比不合理引起的疾病；由糖类不足或过多引起的疾病；由脂肪不足和变质引起的疾病；缺乏维生素引起的疾病；缺乏矿物质引起的疾病；等等。

根据养殖鱼营养需求，购买和投喂优质的、营养全面的配合饲料，投喂量要充足。

5. 其他生物因素引起的病害

（1）青泥苔

【病因】青泥苔是丝状绿藻水绵、双星藻和转板藻形成的群体。在春季随水温逐渐上升，青泥苔在池塘浅水处萌发，长成一缕缕绿色的丝附着在池底或像网一样悬浮在水中，衰老时变成黄绿色，漂浮于水面，形成一团团乱丝。鱼苗和夏花鱼种往往游进青泥苔中被缠住游不出来而死亡。同时由于青泥苔的大量繁殖，消耗水中的养料，使水体变瘦，影响鱼的生长。它主要危害鱼苗和鱼种。发生期为5~9月。

【防治方法】

① 用生石灰清塘，可以杀灭青泥苔。

② 在有青泥苔的鱼池，泼洒硫酸铜，使池水中浓度为0.7克/米^3。主要泼洒在青泥苔集中的区域。

③ 将生石灰研成粉末撒在长青泥苔的区域。在生石灰与水发生化学反应产生强碱时，在高温下，青泥苔很快会发白死亡。

④ 用马尾松叶汁杀青泥苔。水深 1 米，每亩用新鲜马尾松 20 千克，浸泡后，磨碎加水至 25 千克，全池泼洒。每天 1 次，连泼 2～3 天。

（2）湖靛

【病因】池中微囊藻（主要是铜绿微囊藻及水花微囊藻）大量繁殖，在水面形成一层翠绿色的水华，江、浙一带称之为"湖靛"，两广称之为"耗"，福建称之为"铜绿水"。当微囊藻大量繁殖，死后蛋白质分解产生氨气、硫化氢等有毒物质，不仅能毒死鱼类，而且能毒死饮水的牛、羊。微囊藻喜生长在温度较高（10～40℃，最适温度为 28.8～30.5℃）、碱性较强（pH 8～9.5）及富营养化的水中。

【症状】在白天微囊藻进行光合作用时，pH 可上升到 10 左右，微囊藻产生大量神经毒素，导致养殖鱼中枢神经系统和末梢神经失灵，兴奋性增加，急剧活动，痉挛，身体失去平衡。

【防治方法】

① 池塘进行清淤消毒。

② 掌握投饲量，经常加注清水，不使水中有机质含量过高，调节好水的 pH 值，可控制微囊藻的繁殖。

③ 当微囊藻已大量繁殖时，可按每立方米水体 0.7 克的量全池泼洒硫酸铜或硫酸铜与硫酸亚铁合剂（5∶2），洒药后应开动增氧机，或在第二天清晨酌情加注清水，以防鱼浮头。

④ 在清晨藻体上浮集聚时，撒生石灰粉，连续 2～3 次，可基本杀死。

（3）其它敌害生物

【病因】包括肉食性的凶猛鱼类（如鳡、鳜、乌鳢、鲇等）、鳖（危害幼鱼，常以幼鱼、虾、螺蛳为食物）、水蛇（学名：红点锦蛇）、水蜈蚣（龙虱的幼虫）、松藻虫（学名：仰泳蝽）、红娘华（学名：蝎蝽）、田鳖、水虿（蜻蜓稚虫）、桂花蝉（学名：负子蝽等能捕食鱼苗。

【防治方法】

① 鱼池放养前用药物彻底清塘。

② 鱼种放养前，及时清除野鱼。

③ 精制敌百虫粉全池泼洒，使水中浓度为 0.45～0.5 克/米^3，水温 20～26℃，24～36 小时可杀灭水蜈蚣等。

6. 化学物质引起的鱼中毒

（1）浮肿病

【病因】此病主要由于池水过肥，氨氮含量过高，致使鱼体内氨不能外泄，而贮存于循环系统中引起大脑紊乱、肾功能损坏，产生浮肿病。发病池塘池水多呈深绿色、灰暗色或深棕色。此外，五氯酚酸钠或白磷中毒破坏肾脏系统，也易引起腹水，产生浮肿症状。此病主要发生于鲤、鲫、鲢、鳙、鳊、草鱼等。

【症状】此病症状主要表现为体色加深，鳃瓣鲜红或呈深红色，鳃丝出现增生，微血管扩张、充血，体表黏液分泌增加，鱼体腥味甚大，生长缓慢，渔农常称这种鱼为"老头鱼"。经解剖发现，病鱼腹水很多，胆囊膨大，肝脏呈深棕色而且容易破碎。

【防治方法】

① 经常注入新水或更换池水。

② 加强池水消毒。

③ 经常用生石灰调节水质，使池水呈中性或微碱性，以降低水中氨的毒性。

④ 经常清除残渣剩饵，投喂新鲜饲料。

⑤ 防止池水过肥及"水华"出现。

（2）喹乙醇中毒 喹乙醇中毒，又名鱼类应激性出血症。

【病因】由饲料中长期过量添加喹乙醇引起。喹乙醇，又名快育灵，是一种过去常用的抗生素。它能明显地加快鱼的生长速度。因此许多厂家都在饲料中长期添加，以促进鱼类生长。但是，喹乙醇具有中度毒性，在动物体内不易降解排泄，长期使用会使其在鱼体内累积，造成中毒。农业农村部已禁止在食品动物中使用此药物。

【症状】多数情况下，鱼体没有明显的异常，但一旦拉网、捕捞、运输、倒池时，鱼则表现为非常敏感，极度不安，剧烈跳动，往往在几分钟、十几分钟或几十分钟内鱼体腹部、头部、嘴角、鳃盖、鳃丝和鳍条基部就显著充血、发红和出血，严重者鳃丝出血严重，有大量的鲜血从鳃盖下涌出而染红水体。病鱼特别不耐长途运输，在运输过程中大批死亡，即使未死亡者，也表现为生命垂危，全身变成桃红色，鱼体发硬，最终死亡或失去商品价值。

检查可见，病鱼体色发黑，营养良好，肌肉丰满。病情轻者仅见腹部和嘴部轻度充血发红，少数有出血点；而病情较重者，其头部、嘴、鳃盖、鳍条基部显著充血发红，并有多处出血斑点。有的鱼嘴发红非常典型，犹如涂抹了口红一样，有的甚至全身充血，出血发红，少数鱼鳃丝有出血。病鱼体表黏液分泌减少，手摸有粗糙感，肌肉水分增多，体表有浮肿感；肛门轻度红肿，肠道轻度充血。肝脏肿大，质地变脆，胆囊扩张，胆汁充盈。脾瘀血肿大，呈紫黑色。心脏轻度扩张，颜色变淡。腹腔内积有多少不等的淡黄色腹水。

【防治方法】不喂含有喹乙醇的饲料。

（3）水环境中化学物质中毒

【病因】随着工农业生产的发展、人口的增加，化学物质用量大增，如不注意环境保护，工厂中有毒废水、农田中的农药以及生活污水大量流入养殖水体，污染水质及导致水体富营养化，会引起水产动物中毒、畸变，甚至大批死亡，并通过水产动物对有毒物质的蓄积而毒害人类，所以一定要做好环境保护工作。淡水养殖鱼类受毒物毒害的途径共有三条：一为鳃的呼吸功能受到影响，窒息而死；二为鱼类与水接触的部位，如体表、口腔等受到毒物影响而被损害；三为通过食物链或直接从水体将有毒物质吸收到体内，组织器官受到破坏，产生不良的生理影响，严重时可致死。

常见的化学中毒有硫化氢中毒、农药中毒（包括有机氯农药、

有机磷农药、有机硫农药等)、重金属盐类中毒等。

【防治方法】

① 加强检测工作,严禁未经处理的污水及超过国家规定排放标准的水排入水体。

② 进行综合治理,通过物理、化学和生物的方法对污水等进行治理。

参考文献

[1] 陈代文,余冰.动物营养学[M].4版.北京:中国农业出版社,2020.
[2] 陈细华,吴金平,唐丹,等.中国鲟鱼饲料营养成分分析[J].淡水渔业,2018,48(06):67-76.
[3] 冯鹏霏,何金钊,马华威,等.饲料脂肪水平与黄颡鱼幼鱼生长、体营养成分及肌肉脂肪酸组成的关系[J].饲料工业,2020,41(12):50-55.
[4] 侯永清.水产动物营养与饲料配方[M].武汉:湖北科学技术出版社,2001.
[5] 金德祥.文昌鱼[M].厦门:厦门大学出版社,2021.
[6] 陆忠康.简明中国水产养殖百科全书[M].北京:中国农业出版社,2001.
[7] 麦康森.无公害渔用饲料配制技术[M].北京:中国农业出版社,2002.
[8] 麦康森.水产动物营养与饲料学[M].北京:中国农业出版社,2011.
[9] 美国科学院国家研究委员会.鱼类与甲壳类营养需要[M].麦康森,李鹏,赵建民,主译.北京:科学出版社,2015.
[10] 农业部水产司.淡水养鱼技术(北方本)[M].北京:农业出版社,1993.
[11] 王道尊,刘永发,徐寿山,等.渔用饲料实用手册[M].上海:上海科学技术出版社,2004.
[12] 王纪亭,岳永生.养鱼手册[M].3版.北京:中国农业大学出版社,2014.
[13] 王克行.虾蟹类增养殖学[M].北京:中国农业出版社,1997.
[14] 王武.鱼类增养殖学[M].北京:中国农业出版社,2000.
[15] 武文一.越冬胁迫对草鱼的影响及其应对的营养饲料策略研究[D].咸阳:西北农林科技大学,2021.
[16] 岳永生.养鱼手册[M].北京:中国农业大学出版社,1999.
[17] 张震,郝强,周小秋,等.近年我国淡水鱼营养与饲料科学研究进展[J].动物营养学报,2020,32(10):4743-4764.
[18] 赵文.水生生物学[M].北京:中国农业出版社,2005.
[19] Chen Y, Lawson R, Shandilya U, et al. Dietary protein, lipid and insect meal on growth, plasma biochemistry and hepatic immune expression of lake whitefish

(*Coregonus clupeaformis*) [J]. Fish and Shellfish Immunology Reports. 2023, 5: 100111.

[20] El-Saadony M T, Alagawany M, Patra A K, et al. The functionality of probiotics in aquaculture: An overview [J]. Fish & Shellfish Immunology, 2021, 117: 36-52.

[21] Fang T T, Li X, Wang J T, et al. Effects of three compound attractants in plant protein diets on growth, immunity and intestinal morphology of Yellow River carp *Cyprinus carpio* var [J]. Aquaculture Nutrition, 2022, 2022 (1): 9510968.

[22] Li X, Fang T T, Wang J T, et al. The efficiency of adding amino acid mixtures to a diet free of fishmeal and soybean meal as an attractant in yellow river carp (*Cyprinus carpio* var.) [J]. Aquaculture Reports, 2022, 24: 101189.

[23] Mbokane E M, Moyo N A G. Use of medicinal plants as feed additives in the diets of Mozambique tilapia (*Oreochromis mossambicus*) and the African Sharptooth catfish (*Clarias gariepinus*) in Southern Africa [J]. Frontiers in Veterinary Science, 2022, 9: 1072369.

[24] Nagappan S, Das P, AbdulQuadir M, et al. Potential of microalgae as a sustainable feed ingredient for aquaculture. Journal of Biotechnology, 2021, 341: 1-20.

[25] Oliveira M, Vasconcelos V. Occurrence of mycotoxins in fish feed and its effects: A review [J]. Toxins, 2020, 12 (3): 160.

[26] Roques S, Deborde C, Skiba-Cassy S, et al. New alternative ingredients and genetic selection are the next game changers in rainbow trout nutrition: a metabolomics appraisal [J]. Science Reports, 2023, 13 (1): 19634.